U0170272

"科技·社会·哲学"研究论丛

国家社会科学基金项目"生物技术恐惧心理的社会影响研究"(12BZX027)
河南师范大学学术专著出版基金
资助出版

Fear of Biotechnology and
Its Social Influence

生物技术恐惧及其社会影响

刘 科/著

科学出版社
北 京

内 容 简 介

生物技术恐惧是指人们对生物技术在应用过程中所产生负面影响的忧虑，隐含了对生物技术发展的社会批判。生物技术恐惧的产生有其复杂的技术文化背景，也受到经济、社会、道德和舆论因素的影响。以严肃的科学态度、深切的人文关怀来直面生物技术恐惧现象，安抚和调适人们脆弱的技术心理，积极促进生物技术的健全发展和合理运用。在适度的技术批判中完善生物技术，在社会心理调适、政策规范、社会舆论接纳的基础上，为生物技术的良性发展营造适宜的社会环境，最大限度地发挥其积极价值，减少其负面影响。积极构建充分体现人文向度的生物技术文化，使其既能包容生物技术的发展现实和趋势，又对生物技术的健全发展起到超前的审视、预警和规约作用。

本书可供科学技术哲学、科学社会学、科技伦理等专业的研究者参考，也适合科技管理工作者以及对此问题感兴趣的读者阅读。

图书在版编目(CIP)数据

生物技术恐惧及其社会影响 / 刘科著. —北京：科学出版社，2023.5
（"科技·社会·哲学"研究论丛）
ISBN 978-7-03-075330-4

Ⅰ. ①生… Ⅱ. ①刘… Ⅲ. ①生物工程–研究 Ⅳ. ①Q81

中国国家版本馆 CIP 数据核字（2023）第 056220 号

丛书策划：刘　溪
责任编辑：刘红晋 / 责任校对：韩　杨
责任印制：徐晓晨 / 封面设计：有道文化

科学出版社 出版
北京东黄城根北街 16 号
邮政编码：100717
http://www.sciencep.com

北京建宏印刷有限公司 印刷
科学出版社发行　各地新华书店经销
*
2023年5月第　一　版　开本：720×1000　1/16
2023年5月第一次印刷　印张：15 3/4
字数：220 000

定价：98.00元

（如有印装质量问题，我社负责调换）

总序

“‘科技·社会·哲学’研究论丛”是河南师范大学科技与社会研究所推出的一系列研究成果。迄今，河南师范大学科技与社会研究所已经有将近四十年的历史。一路走来，筚路蓝缕，实属不易。既需要再度回首，总结经验，汲取教训；更需要目光向前，凝心聚力，砥砺前行。

一、研究所历史沿革

1982 年，新乡师范学院（1985 年更名为河南师范大学）政治教育系建立了自然辩证法研究室。1986 年 9 月，自然辩证法研究室转出，成立河南师范大学自然辩证法研究所，下设科技哲学、自然科学哲学、科学社会学三个研究室。1994 年 1 月，更名为河南师范大学科技与社会研究所（简称“研究所”）。2005 年 9 月，研究所入选河南省普通高等学校人文社会科学重点研究基地。2018 年 12 月，研究所入选河南省首届高校高端智库联盟理事单位。

研究所平台建设与哲学学科建设、人才培养密不可分。自 1984 年开始，研究所与中国人民大学、山西大学等高校联合招收培养自然辩证法（科学技术哲学）方向硕士研究生。1994 年，研究所获批科技哲学专业硕士学位授予权并开始独立招生，是河南省第一个科技哲学硕士点。至今已累计培养硕士研究生 298 人（含同等学力申请学位人员 68 人）。这些毕业生主要就职于高等学校、企业、政府机关等单位，有的成为学界翘楚、知名教授，有的成为公司高管，有的已经走上各级领导岗位。

二、目前主要研究方向

研究所现有专兼职研究人员 25 人，其中教授 7 人、副教授 11 人、讲师 7 人，具有博士学位者 20 人。2000 年以来，研究所成员共主持承担 5 项国家自然科学基金项目、9 项国家社会科学基金项目和 70 多项省部级项目，发表 SSCI、CSSCI 来源期刊及更高级别期刊论文 200 多篇，出版学术专著 20 多部。在多年的学科建设过程中，研究所已经形成以下四个相对稳定的研究方向。

（1）科技发展规律与科技评价研究方向。主要采用科学计量学研究手段和方法研究科学技术发展的宏观规律、微观结构及运行机制，对科技发展规律与机制做动力学揭示、结构性解析、状态和趋势描述，研究科研绩效评价和科技政策，为科技监测与评价、科技决策与科技管理提供理论借鉴和实证依据。

（2）科学技术的社会学研究方向。重视我国科技发展的社会动力、社会功能以及科学共同体行为规范的研究，注重从科学发展的外部机制研究转向科学知识生产的内部机制研究，探讨科技的社会生成机制以及科技因素在和谐社会建设中的基本问题及其解决策略。

（3）科学哲学与科学文化研究方向。既包括科学的元认识论研究，又注重从哲学层面上考察科学、文化在社会发展过程中的互动关系，注重反思科学文化内涵的哲学意蕴，关注政策层面的设计和社会实践的考察。

（4）技术哲学与技术伦理研究方向。密切关注技术发展前沿，在实证研究的基础上，努力构建现代技术伦理框架，打通科技伦理与科技立法，在制度层面规范科学技术的发展。关注企业技术创新动力以及技术成果转化等问题，为促进我国技术健康发展与产业化提供合理建议。

三、丛书出版背景和计划

当今世界，科学技术发展突飞猛进，在社会各个领域产生了深刻影响。科学技术发展与社会融合成为当代社会的发展趋势。与此同时，科学技术发展引发的环境污染、食品安全等一系列问题受到社会的广泛关注，社会对科技发展干预的诉求日益强烈。因此，有必要从多个视角探析科学技术发展的社会价值和社会影响。

近年来，河南师范大学科技与社会研究所坚持基础研究和应用研究并重，坚持区域经济与科技、社会发展实践相结合，致力于我国社会发展需要，服务于地方经济社会发展。当前，研究所正不断增强凝聚力，整合校内外优质资源，使研究工作更有社会效益，更具社会影响力，努力打造中原科技与社会发展智库。在科学出版社刘溪编辑的大力支持下，研究所决定推出河南师范大学"'科技·社会·哲学'研究论丛"，研究科技与社会互动中产生的新的理论和实践问题，服务于学科内涵建设，也为学科成员展示自己的研究成果提供一个渠道。

当前，本丛书的出版是河南师范大学科技与社会研究所的一项重要工作，是部分学科成员对已有研究工作的总结。这并不意味着我们研究工作的终结，这只是一个新的起点。虽然我们是地方师范大学，隅居一乡（河南新乡），但我们有"亦余心之所向兮，虽九死其犹未悔"的学术梦想、学术热情和社会担当。前行的路就在脚下，我们要勤勉地走下去，以便不辜负这个伟大的时代。

河南师范大学科技与社会研究所

2019年1月

目录

引　言

在现代社会，生物技术的深刻发展及其广泛应用的后果具有多元性和不确定性，给人们带来的不仅仅是兴奋和惊喜，而且包含了许多质疑、焦虑和恐惧的成分。人们对生物技术心理反应的这种强烈反差包含了许多值得深思的哲学、社会学、心理学和管理学等问题。生物技术发展的根本目标和实质是什么？为什么生物技术的发展会给一部分社会公众带来不同程度的恐惧心理？这种恐惧心理是如何形成的？有哪些社会因素、经济因素、文化因素促进了这种恐惧心理的形成和扩散？生物技术恐惧的本质是什么？其存在有无一定的社会合理性？我们能从生物技术恐惧中得到什么启示？生物技术恐惧的对象是什么？是生物技术本身还是生物技术产品、生物技术服务？抑或是生物技术未来发展的逻辑可能性？公众的生物技术恐惧心理能否被调适、减弱甚至消除？消除生物技术恐惧是否就是对生物技术安全的根本诉求？广义上的生物安全和生物技术安全的内涵是什么？围绕生物技术发展及其应用的社会问题、心理问题、安全问题、价值问题，我们需要认真分析研判，需要耐心地对公众进行解答。

由于生物技术的发展与现代人的生产、生活、生存和健康保障密切相关，因而对上述问题的研究具有重要的理论意义和现实价值。在学理层面，此项研究涉及人们对生物技术的价值分析、价值判断、价值选择、价值权衡、价值认同和价值实现等理论问题；在实践层面，此项研究涉及人们对生物技术开发和推广应用的技术心理、技术态度、技术效益与技术风险评估，涉及人们对生物技术及其产品的技术认知、技术选择和技术消费，也涉及生物技术研究、开发及产业政策的制定等实际问题。

第一节　生物技术恐惧研究的文本

通常说来，生物技术恐惧是人们对生命科学迅猛发展和生物技术广泛社会应用后果的不适心理反应，是人们对生物技术革命及其未来悲观前景进行深刻反思和预测的产物。在生活实践中，生物技术恐惧表现为人们对生物技术发展和应用的焦虑心理，在认知上倾向悲观，在行为层面表现为不同程度的排斥。从时间上讲，人们对生物技术产生恐惧心理已经积淀了很久，并不是一件新鲜的事情。生物技术恐惧与生命科学的深度发展和社会应用相伴而生。特别是20世纪中期以来，细胞核移植技术、分子操纵技术、基因编辑技术等领域的创新型开发和颠覆性应用带来了巨大的社会变化，给人们的社会心理带来了较为深刻的影响和冲击。生物技术恐惧的产生有着比较坚实的社会背景、经济背景、文化背景和舆论背景等。这种恐惧心理既源于人们对生物技术社会实践的体验和逻辑推断，又受到各类媒体的舆论引导和过度渲染，也深受以生物技术应用为主题的科幻作品的影响。

一、以反思生命科学发展和应用为主题的敌托邦作品

19世纪初，英国女作家雪莱在其小说《弗兰肯斯坦》中，以倒叙的文学写法演绎了一名科学家的悲情故事：青年科学家弗兰肯斯坦利用自己所掌握的生命科学知识在不经意间创造出一个“怪物”之后，因为自己的失

望和恐惧心理对“怪物”放任不管，忘却了作为科学家应该担当的社会责任，造成了多人被杀害的悲剧。这本小说与英国作家赫胥黎的《美丽新世界》、美国作家莱文的《巴西来的男孩》一起成为反思和预言生命科学发展与应用的经典敌托邦作品，产生了较为广泛的社会影响。上述作品在反映其他社会主题之外，包含了比较丰富的生物技术隐喻、社会隐喻，具有积极、深远的社会劝诫价值，因而能够成为我们观察和分析生物技术恐惧问题的参考文本。

在以个别人滥用、误用生命科学知识和生物技术为题材的科幻影视作品中，那些充满无限创意精神的编剧和导演制作了“人兽杂合体”“嵌合体”“克隆人”“半机械人”“寄生兽”“外星生物”和“食人兽”等奇异的生物技术恐怖形象。以上述对象为载体，人们生动地演绎了生物技术发展所隐含的技术异化维度和“反人性”场景，给观众带来许多惊险刺激的眼球冲击，留下持久而深刻的生物技术恐惧记忆。根据生命科学和生物技术的发展，人们还会创作出类似主题的作品，将在社会层面进一步重塑、扩散和强化人们的生物技术恐惧心理。

然而，不少人通过媒体针对生物技术的发展采取了过度质疑和妖魔化的态度，不能用辩证发展的眼光看待生物技术的价值，缺失了看待事物应有的客观立场。如此言行只会对人们的生物技术恐惧心理起到加剧和扩散作用，从而催生更多的生物技术悲观主义，在一定程度上影响生物技术正常的研究和应用进程。

20世纪90年代末期，人们围绕克隆羊事件进行了世界范围的激烈争论。近三十年来，“反转（基因）”与“挺转（基因）”人士围绕转基因农产品推广和食用的安全性问题进行了无休止的争议。当前，人们又对基因编辑、人类增强技术、合成生物学等领域的技术风险、社会伦理和法律问题争论不休……这些事实折射出现代社会中人们具有敏感和多元的生物技术心理。这从侧面反映出生物技术发展的社会影响极其深远、现实意义非常重大，很容易成为社会舆论热点和焦点问题，因而会引发人们的广泛关注和热议。

二、技术恐惧与技术心理研究概况

由于科学技术发展及其在社会层面应用的广泛性和深刻性，国内外学者对技术心理、技术恐惧现象已经有较多的关注。既有针对技术心理、技术恐惧的一般理论研究，也有结合具体技术类别的实证研究，主要反思核技术、计算机技术、网络技术、信息技术、纳米技术以及转基因、基因编辑、人工智能、大数据、物联网、区块链、5G等新兴技术的社会应用和社会影响问题。近年来，对生物技术社会价值、社会心理进行理论反思的文献呈现出一定的增长趋势。下面主要结合国内学者的相关研究进行简要综述。

在国内，已经有不少学者从哲学、伦理学、社会学、心理学、经济学和管理学等角度探讨技术价值、技术安全、技术异化和技术风险问题。但是，对技术恐惧特别是生物技术恐惧系统关注的学者并不算多。当前，用关键词“技术恐惧”在中国知网（CNKI）上进行检索，查阅到不足百篇的各类论文。这些学者从多个层面分析了现代科学技术发展给人类带来的社会影响和心理挑战。目前，在国内只见到一本标题包含“技术恐惧”的著作出版[①]。这从侧面说明，技术恐惧及其社会影响问题还没有充分进入我国哲学社会科学工作者的研究视域，或者说技术恐惧这一现实课题还没有被学者认为具有特别重要的普遍意义，因而没有对其进行系统的多视角研究。

技术恐惧与技术心理研究密切相关。可以说，技术恐惧是技术心理研究的重要内容之一。国内有学者比较早地开始探讨技术心理问题，如李刚明确提出技术心理的定义，指出技术心理作为一门独立的学问，对其进行研究具有现实可行性。李刚认为，基于冷静而客观的技术心理，人们可以得出合理的技术评论，从而推动技术的健全发展。相反，从主观出发的技

① 赵磊．技术恐惧的哲学研究．北京：科学出版社，2020.

术心理则会影响人们对技术的正确评价，影响技术发展的速度和方向。[①]因此，在技术发展日益社会化、社会进步日益技术化的现实背景下，我们系统研究社会公众的技术心理及其影响是十分必要的。在现实社会，技术的发展和应用带来的变化与冲击必然会扰动社会公众的心理，而社会公众的技术心理变化反过来会影响相关技术发展的目标、速度和形态。可以说，在技术发展与公众社会心理之间存在着十分深刻的互联互动。

在社会实践中，技术的发展和应用后果既会给社会公众带来积极的心理影响，也会带来消极的心理影响。反过来，这两类性质不同的心理对技术发展也会产生不同的影响。因此，深刻反思或化解人们对技术的消极心理反应及其造成的不良社会后果是技术心理研究的一个重要目标。东北大学陈凡等学者在论文中指出社会心理的调适对实现技术社会化的重要意义，并从技术的认知、情感、动机、态度等四个方面论述了技术的社会心理调适问题，这是国内研究技术心理较早的文献。在论文中，作者明确指出了对技术社会心理进行调适的目标，认为在技术的社会发展中，积极地调整人们的技术心理及其行为就是为了使社会及公众适应技术的发展。这样做既有利于实现社会对技术的接受，也有利于公众对技术的认同。[②]上述观点体现了技术与人、技术与社会的协调发展目标。此后，国内相继有一批围绕公众技术心理方面的研究论文发表。已经有不少国内学者开始关注技术心理现象，但专门的技术心理研究论文总体数量还不算多。

在国内出版的关于技术心理研究的著作较少。王树茂、陈红兵出版了《现代科技与人的心理》一书，较为全面地探讨了技术与心理之间的互动关系以及技术心理在社会、经济、哲学思潮层面的具体影响。此外，国内已经出版相关的外文译著。具体说来，美籍华人王嘉廉曾是一家世界知名软件公司的总裁，他结合自己的工作经历撰写了《电脑时代的恐惧与压

① 李刚．技术论与技术心理．科学管理研究，1990（03）：50−52.

② 陈凡，刘玉劲．社会公众的技术心理及其调适：论技术社会化过程中的社会心理问题．自然辩证法通讯，1993（02）：33−42.

力》[①]一书，指出信息科技的迅猛发展给人类社会带来便利的同时，也给人们带来了深刻的困扰、恐惧和心理压力，在电脑知识分子和不懂电脑者之间形成了由于掌握电脑知识多寡和操作问题造成的隔阂。德国哲学家盖伦在《技术时代的人类心灵：工业社会的社会心理问题》[②]一书中提出了一套社会心理学理论，用它有效地分析了人类在工业社会所处的状态和挑战。现代社会生活的快节奏、大变革与人类自身的精神、思想、伦理等领域的相对保守与滞后产生了矛盾和冲突，随之产生了多种心理危机，造成人类个体内在心理的失调。我们需要认真对待这一时代课题，努力帮助人们走出技术时代的社会心理危机，能够更加平和、幸福地生活。

结合本书的研究目标来说，我们有必要通过伦理规范、法律规制、政策引导、人文价值理念植入、技术观念变革、技术心理氛围营造等方面的共同努力，理性分析生物技术发展的负面影响。国内已经有一些学者开始对此类问题进行比较深入的研究。在现代社会，对一个社会价值尚未明确定论的技术类别，人们的抉择在很大程度上会受到社会舆论的影响和引导。可见，人们生物技术恐惧心理的产生和消除均涉及多方面因素，需要结合当下社会环境来具体分析。

从总体上来看，目前国内学者对以生物技术为主题的敌托邦作品缺少系统的分析和批判，对生物技术未来发展趋势的研判还不够充分和精准，对生物技术异化现象的虚实、轻重缺乏比较细致的审视。有一些学者、媒体人士往往基于感性的、直观的恐惧心理来谈论生物技术的价值和伦理问题，忽视了其中被技术恐惧心理放大的主观成分，情绪化思维多于理性思维，固守传统观念却无视生物技术发展的现实社会需求、社会价值以及生物技术自身发展的益人性。因此，我们有必要对生物技术恐惧心理进行系统分析和适度的纠偏研究，进而完善人们的生物技术价值观，使更多的人

---

① 王嘉廉．电脑时代的恐惧与压力．林佩琳译．北京：时事出版社，1997.

② 盖伦．技术时代的人类心灵：工业社会的社会心理问题．何兆武，何冰译．上海：上海科技教育出版社，2003.

形成前瞻性、客观性且具有厚重人文底色的生物技术态度。在当今技术风险社会，特别是生物技术风险迭起的时代，本书的研究不仅是我国生命科学和生物技术健全发展的现实所需，也是科学技术哲学、技术心理学、科技政策和公共政策等学科值得拓展和深化的一个研究方向。

第二节　生物技术恐惧的研究价值

生物技术是人类社会较早开发和广泛应用的技术实践活动，其发展关联到农业、畜牧、食品、医药和卫生保健等领域。在实践层面，生物技术的发展对人类社会的作用和影响特别重大，它关系到人类个体的基本生存和发展，也关系到人们的生命质量和健康保障问题。如何正确对待生物技术发展的历史和现状？如何有组织地开发、推广和应用生物技术？如何通过发展生物技术来应对社会重大需求？如何克服生物技术的异化现象？如何保证生物技术的健全发展？如何保障生物安全和生物技术安全……这些问题都是当代社会人们不容回避的现实课题。作为理论工作者，在科学技术发展的事实基础上，深入分析生物技术的社会心理，特别是客观认识生物技术恐惧的形成原因、心理特征、解决路径等问题具有重要的理论意义和现实价值。可以说，做好此项研究工作是生物技术时代赋予我们的学术责任和使命。当前，我们对生物技术恐惧进行综合性、跨学科研究的现实价值主要体现为以下几个方面。

一、帮助人们全面分析生物技术的价值内涵

生物技术在人类经济社会发展中具有十分特殊的地位，可列入关乎国家核心竞争力的技术范畴。因此，全面分析和解读生物技术对现实社会和人类未来的影响具有特别重要的意义。从科学技术的发展历史看，任何一类技术的发展和应用都有可能产生一定的负面效应和意外风险，生物技术

也不例外。在实践中，我们不能因为生物技术在应用过程中可能出现的负面影响以及人们由此而产生的恐惧心理，就随意否定生物技术发展的社会价值。

在日益高度技术化的社会，我们需要理性对待部分社会成员所持有的生物技术恐惧心理，辩证地分析此种心理产生的原因。人们对生物技术的恐惧心理反应，一方面说明生物技术对人类社会产生影响的广泛性、普遍性和深刻性，另一方面也说明人们对生物技术发展引发社会问题的批判。通过对生物技术恐惧心理的全面认识，限制或克服生物技术发展带来的负面影响，最终不断完善生物技术及其社会应用。

结合本书来讲，探讨和消解生物技术恐惧心理有助于增强人们的生物技术安全感，进而完善个体的生物技术心理构成，也有利于生物技术的社会应用。从学理上讲，研究生物技术恐惧可以帮助我们从多维视角考量生物技术的价值内涵，深化对生物技术本质的思考，有助于深刻揭示生物技术发展与人类社会的内在关联，进而有效协调人、社会与生物技术发展的关系，进而减少生物技术对人类个体、社会和生态环境等产生的异化影响。

二、帮助人们形成正确的生物技术观

生物技术观是人们基于自己的生活实践、技术体验、知识背景以及在特定社会文化、社会舆论的引导下，对生物技术发展的价值、功能和社会影响形成的总体看法。人们既有肯定性的生物技术观，也有否定性的生物技术观。在特定的生物技术发展时期，人们的生物技术观并不十分明确，往往是肯定和否定的混合。从实践来看，生物技术恐惧心理主要与否定性的生物技术观密切关联。

本书通过梳理人们有关生物技术恐惧的历史与现实及其产生的多元背景，试图辩证分析和减弱此类心理的限制性和消极性影响，进而通过积极调适人们的生物技术恐惧心理，抚慰与温暖人们脆弱的技术心灵。结合现代生物技术发展的实际成效，让人们更加客观地认识生物技术帮助人、补

偿人、增强人、提升人和发展人的实质。通过不断提高社会公众对生物技术的认知水平，形成合理、有序的生物技术心理鉴定与传播机制，对公众的生物技术恐惧心理起到一定的缓解作用，进而形成理性、积极的生物技术发展观，在社会层面营造合理的生物技术舆论氛围。

三、推动生物技术评估与政策法规的制定

从理论上研究社会公众的技术心理，一方面可以深入分析技术社会中人们的心理状态是如何受技术发展影响的，以便维护人类个体心理的健全性；另一方面可以分析这种心理对相关技术研究和产业化的影响，以便保障技术发展和应用的有序性。在过去较长的时间，公众的技术心理一直是技术评估工作的一个盲点。人们在进行技术评估时，往往更多地关注技术发展和应用直接产生的政治、经济、社会、军事、生态和文化等方面的影响，很少考量社会成员在使用技术产品、技术装备和技术服务时产生的心理反应、心理适应和心理健康问题。就人类个体社会心理的复杂性而言，分析技术心理会给技术评估工作带来一定的难度和挑战，也会带来许多机遇和社会价值。由于影响人们技术心理的因素有很多方面，开展技术评估工作需要多层次的调研和比较分析。在科学技术高度发达且影响日益深远的今天，如果不考虑公众技术恐惧心理影响的技术评估就不是完整的评估，也会降低技术评估的社会价值。

生物技术恐惧带来较大的社会影响，它与人们负面生物技术态度的形成有着直接的关联。因此，研究生物技术恐惧问题具有一定的现实意义。我们需要研究：人们如何看待生物技术恐惧现象？生物技术恐惧心理的消极作用和积极作用是什么？生物技术恐惧心理对生物技术产业化、市场化的影响是什么？这种心理如何影响技术评估、科技政策和产业政策的制定？如何对生物技术恐惧心理进行社会调适？在现实生活中，不同的社会群体对生物技术的认知程度、接受程度和心理调节程度会有所不同，会存在一定的个体差异。那些赞同、肯定生物技术发展的人群包括科学家、政

治家和企业家等，他们更看重生物技术发展的经济价值和社会价值，因而会对生物技术的发展前景保持乐观态度。相反，对生物技术发展进行批评和指责的群体往往是一些环境保护主义者和人文学者等，他们从生物技术的应用可能会造成环境破坏、生物多样性减少、社会异化、人性异化以及社会伦理秩序遭到破坏等，对生物技术的发展现实和前景持悲观态度。但是，多数社会公众往往保持中间立场，既对生物技术发展的前景表示乐观，又对其可能的负面影响表现出不安。在社会实践中，大多数公众的生物技术态度很容易受社会舆论的影响，并且随着社会舆论的变化而改变自己的生物技术态度。反过来，公众的生物技术态度会影响社会舆论，影响相关政策法规的制定。

总之，探讨公众生物技术恐惧心理的成因和社会影响，有助于全面评价不同社会群体的生物技术态度，有助于优化人们的生物技术心理，有助于完善生物技术评估，有助于政府部门制定合理的生物技术发展政策与法规。

四、丰富技术心理、技术哲学的研究内容

一般说来，技术恐惧既包含了对技术发展消极的、否定性的心理成分，也包含了对技术发展的批判性、透视性、建构性思维倾向。人们的技术恐惧心理既会对技术发展产生一定程度的妨碍作用，也能够对技术发展起到有益的反思和纠偏作用。如果我们结合科学技术发展的社会背景去理解，就会发现技术恐惧折射出人类社会成员面对日新月异的现代技术社会而产生的心理反应与适应问题。在现代社会，人与技术的关系应该如何配置和调节？技术对人类来说究竟有什么终极意义？人类的命运走向与技术发展是否有高度的相关性？人类能否通过驾驭技术的发展来掌控自己的命运？人类为什么一定要去适应这个高度技术化的社会？如果人类逃离或者排斥这个技术社会，将会带来什么样的后果和影响？进一步追问：人们应该怎样适应技术发展的巨大变革及其社会后果？人们在什么程度上适应技

术社会是符合人性的？技术发展在什么情况下又会导致人的异化、社会异化和自然异化呢？

有不少学者已经注意到，科学技术发展带来的异化现象与人性之间已经产生了较为强烈的冲突，给人们带来紧张、敏感、焦虑、疏离、烦躁和无奈的情绪，形成了“单向度的人”和“单向度的社会”。因而，上述技术社会现象往往受到人文主义思想家的强烈质疑和批判，他们试图为其开出一副济世良方。在理论层面，技术恐惧研究可以拓展技术心理、技术哲学、技术伦理、技术经济、技术管理等学科的研究视野，有助于丰富其研究主题、充实其研究内容，也有助于人们深刻理解技术发展的人性本质和社会本质。

以生物技术恐惧心理为案例进行研究，必将丰富技术心理、技术哲学的研究内容，为上述研究提供可靠的事实材料，并有助于防范和化解生物技术与人、生物技术与社会、生物技术与自然之间的风险。这对于不断改进、完善生物技术产品和服务并使其朝向人性化方向发展，为培养、稳定和扩大消费者群体以及持续开拓生物技术消费市场起到积极的推动作用。

第三节　生物技术恐惧的研究思路

本书将立足于现代生命科学、生物技术的发展前沿和应用实际，充分借鉴国内外技术哲学、技术心理学、科技伦理、科技政策学科的研究成果，采用案例分析和文本分析方法进行综合探究。在深入分析生物技术“是什么”“能做什么”“应做什么”和“许可做什么”的基础上，剖析生物技术恐惧心理产生的科学背景、文化背景、经济背景和社会背景等，研究现代媒体针对生物技术恐惧概念与生物技术社会形象的认知、制作、扩散和强化等方面的社会后果。结合具体案例分别考察生物技术恐惧如何影响公众生物技术态度、科技政策和产业政策的形成，寻找它们相互作用的内在机制。通过深入解析生物技术与社会公众心理互动的复杂关系，为探索生物技术的社会舆论调控机制奠定扎实的理论基础，进而提出调适生物技术恐惧心理的理论原则和现实路径。最后，本书通过比较中西方技术恐惧文化的异同，明确生物技术发展与人文价值的内在关联。在阐述利用人文价值引导生物技术发展的必要性和可能性基础上，试图全面探讨生物技术文化的社会建构路径，努力实现生物技术发展与人文价值的有机统一。

本书的重点是生物技术恐惧心理产生的文化根源与社会扩散机制，这影响人们的生物技术社会价值认知、生物技术态度和生物技术产品的消费取向；分析有效调适人们生物技术恐惧心理的方法与促进公众理解、接纳和监督生物技术发展的内在关系。本书的难点是探讨生物技术恐惧的有限合理性及其有效利用问题，即在免于生物技术恐惧与保留一定程度的生物技术恐惧启示之间，如何保持必要的张力问题。在部分人群存在的生物技术恐惧心理背后，无疑有其存在的社会文化土壤和逻辑的合理性。我们要深入挖掘和利用人们的生物技术恐惧心理对生物技术发展限制性影响的积极因素，前瞻性预见和防范生物技术发展的潜在风险，努力召唤生物技术主体的责任伦理，避免生物技术责任主体的缺席，促进生物技术的稳步发展。

总之，本书通过积极的人文价值引导和有效的社会心理调适，借助合理的政策与价值规范、清朗的生物技术舆论空间，努力实现生物技术发展中的兴利除弊目标，进而汇聚生物技术发展的社会共识，实现人们对生物技术发展的价值认同。为此，既需要政府部门对生物技术的发展进行有效的规约，又需要科学共同体完善并自觉落实其行为规范。在全面深度推进生命科学基础研究的同时，科研人员要负责任地、安全地进行生物技术创新。因此，为取得社会公众对生物技术发展的信任，我们要积极发挥政府管理部门、科研组织、科技工作者以及生物技术企业的力量，要善用现代媒体在信息传播方面的社会影响力和科学传播优势，从制度安排、法律规范、价值引导方面营造一个良好的生物技术发展社会心理氛围，从而保障生物技术更好地造福于我国人民和社会。

第一章
技术恐惧及其成因

近代科技革命产生以来，科学技术对人类社会和自然环境的影响与日俱增。特别是 20 世纪以来，人类个体与社会逐步被人类自身所创造的日益丰富的技术物品严密地包围起来，形成了所谓的技术圈。无论是电子技术、原子能技术、新材料技术、新能源技术、计算机技术，还是转基因技术、基因编辑技术、信息技术、网络技术、人工智能技术、大数据技术等，都具有强大的社会渗透和社会辐射功能。日益扩大的技术圈一直在强有力地扰动人们敏感的神经，对人类的生活世界、精神世界产生了强烈影响和冲击。可以说，科学技术深刻地影响着人类社会的发展进程，影响着人们的世界观、人生观、价值观和自然观，也改变了人们的技术心理和技术态度。

第一节　技术态度与技术恐惧

在现实社会中，技术恐惧涉及人们的技术态度。技术恐惧是人们针对某一类技术发展和应用的一种心理和态度。为了厘清技术恐惧、生物技术恐惧等问题，我们有必要先从一般学理意义上了解“态度”和“技术态度”概念。

一、技术态度的主要类别和特征

（一）态度与技术态度

态度是心理学研究领域的一个基本概念，是指社会成员对特定对象所持有的一种相对稳定的心理倾向。这种心理倾向包含社会个体的主观评价、认知和理解，并且使社会个体能够产生与之基本对应的行为倾向。态度既包括社会个体在认识层面对特定对象的信任和怀疑、赞同和反对，也包括在情感层面针对特定对象的喜欢与厌恶、尊重与轻视、接受与排斥等。根据已有的心理学研究成果，影响人类个体态度的因素较多，主要包括以下方面：个体对事物的认知能力、学习能力、领悟能力和生活体验能力会影响态度的形成；个体的社会关系、人际关系以及个体生活的社会环境、文化环境和媒体环境会影响态度的人际感染和社会扩散。

具体而言，技术态度是指人们对技术发展、技术社会应用以及技术价值的总体看法。技术态度反映了技术发展与人类个体、人类社会和自然界的关系，基本上等同于人们的技术观。技术态度可分为个体技术态度和群体技术态度，两者既有区别又有联系。个体技术态度具有显著的特殊性，群体技术态度往往具有一般性。群体技术态度取决于个体技术态度，是后者的综合表现和反映。反过来，群体技术态度也会影响和引导个体技术态度的形成。需要说明的是，这里所提的群体只是相对于个体而言的集合概念，泛指国家、地区、民族，也指一个社会团体、社会组织和社会部门等。

在技术与社会高度融合的背景下，技术发展对人类社会的影响更加普遍、更加深刻，技术烙印处处体现在人们的生活环境和生活用品中，而人类技术足迹的范围也在逐步扩大。沉浸于技术影响中，人们不可能不形成自己的技术判断和技术态度。事实上，人们的技术态度也会随着社会生活的时空变迁、技术发展与进步等因素而发生相应改变。因此，个体技术态度往往是复杂的、模糊的和可变动的。社会公众所具有的不同技术体验、文化水平、受教育水平和思维方式都会影响个体技术态度的形成。个体技术态度的形成与不同的技术类别及其在特定时期的社会影响有着密切的关系。具体而言，在一定时期内，有人会抵制A技术，却崇拜B技术，但又高度依赖C技术。这充分说明技术态度的具体性、特殊性和动态性。

（二）技术态度的主要类别

在现实的技术社会中，人们所持有的技术态度可以大致分为技术悲观主义、技术乐观主义和技术现实主义三类。在科学技术实践中，这三类技术态度之间并不存在非此即彼的明确界限，甚至人们会因为技术观察视角的转换、技术体验的差异以及社会舆论的引导而随时改变自己的技术态度。下面分别对上述三类技术态度进行简单概述：

其一，技术悲观主义态度。技术悲观主义是指人们对科学技术发展的负面社会后果、社会影响、环境影响等方面的质疑与批判，并以此推断科学技术发展的现状与未来是令人忧虑、令人失望的一种态度。因此，技术悲观主义是一种对技术发展现实和未来持否定态度的技术观。在现实社会，人们对具体技术类别（如核技术、转基因技术、人工智能技术等）及其产品与相关服务的迟疑、拒绝和抵制态度都属于技术悲观主义的范畴。因此，技术悲观主义包含了技术迟疑、技术拒绝和技术抵制等态度。显然，技术悲观主义的形成与人们的技术恐惧心理密切相关，是人们内在的技术恐惧心理的外化表现。

自从科学技术产生和应用以来，古今中外就不缺乏技术悲观主义者。庄子在《庄子·天地》中指出：“有机械者必有机事，有机事者必有机心。机心存于胸中，则纯白不备；纯白不备，则神生不定；神生不定者，道之所不载也。”在机械和技术尚不发达的古代，庄子就已经敏锐地觉察到技术装置、器械的普遍使用会给人们的内心世界带来烦扰，会改变人们的生产方式和生活方式，影响人们的精神生活和价值判断，影响人类社会的道德内容和道德秩序。类似地，法国思想家卢梭感叹道，随着科学的光辉在地平线上升起，人们的道德便黯然失色了。[①] 可以说，老子和卢梭这两位在不同时空中生活的思想家都指出了科学技术及其手段应用对人类精神世界、社会道德生活会产生一定的负面影响，甚至让人们为之失望。但是，人类社会的发展又从根本上离不开这样或那样的技术类别、技术产品。那种对未来技术社会充满绝望，主张完全抛弃技术、远离现代技术文明的极端反技术主义者、技术虚无主义者毕竟是少之又少。

近代以来，有不少文学家、思想家和科学家把自己的技术悲观态度反映在其作品中。例如，《弗兰肯斯坦》《美丽新世界》《一九八四》《寂静的春天》《熵：一种新的世界观》《单向度的人》《增长的极限》等作品具有比较鲜明的技术悲观主义论调，对现代技术文化的社会形成产生了比较深远的影响。国内学者赵建军的《追问技术悲观主义》[②]一书对技术悲观主义的历史踪迹、何以存在和价值合理性等问题有专门和系统的研究，对我们思考技术悲观主义思潮具有很大的参考价值，在此不再赘述。

照此分析，在生物技术还没有真正给人类社会带来直观感受的严重危害时，为什么有些人却对生物技术的发展产生恐惧心理呢？这涉及人们对整体技术发展的悲观态度。这是人们基于其他类别的技术已经对人类社会、个体和自然环境产生了负面影响的事实，进而推测生物技术也不会例外，其发展后果必然包含着令人恐惧的不确定成分。

其二，技术乐观主义态度。在积极意义上，科学技术的发展促进了人类社会生产力的解放和发展，极大地推动了人类物质文明、精神文明、政治文明、社会文明以及生态文明的进步，给人类社会带来极其丰富的物质产品和精神产品，带来真实可见的生活改善，带来医疗卫生和生命健康保

---

① 卢梭．论科学与艺术的复兴是否有助于使风俗日趋纯朴．李平沤译．北京：商务印书馆，2011：14.

② 赵建军．追问技术悲观主义．沈阳：东北大学出版社，2001.

障的巨大进步。可以说，越来越多的普通人从感性直观上倾向于对科学技术的社会价值、发展前景保持乐观与肯定的态度。当前，许多国家和地区把支持和发展科学技术事业作为一项重要的社会事务来认真对待。

在西方社会，科技革命引发的工业革命、社会革命所释放出来的巨大生产力，改变了整个世界文明的发展方式、发展内容和发展进程，在总体上不断彰显科学技术的正面价值，让更多的人对科学技术的进步充满期待、乐观和自信。可以说，“知识就是力量”的口号响彻全球、深入人心，技术乐观主义思潮就此产生。第二次世界大战之后，全球范围涌现的新一轮科学技术革命给世界经济特别是资本主义经济注入活力和动力，西方经济甚至出现局部繁荣的场景，使得不少政治家、经济学家和社会学家对科学技术发展及其未来的信心倍增，甚至出现了技术决定论的思想倾向。人们看到了科学技术对经济复苏的强大刺激作用，如技术立国就成为不少国家的重要发展战略。对于经济社会比较落后的发展中国家而言，其面临的发展压力和困难更大，其发展的愿望也更为迫切。这些国家的政府和人民更愿意认同并接受“科技救国”的发展理念。总之，上述情况充分反映了技术乐观主义态度的普遍性。

由于计算机技术、信息技术和网络技术的迅猛发展及其广泛应用，对人类社会生产和社会生活产生了巨大和深远的影响。诸如《后工业社会的来临》《第三次浪潮》《大趋势：改变我们生活的十个新方向》《信息社会》等作品，分别展望了新技术发展的美好前景，一度在全球范围成为畅销书，读者群体众多，社会影响很大。这些作品有助于人们认识新兴科学技术发展的价值和趋势，迎合了政府和社会公众对发展、应用科学技术的急迫心理，从侧面反映社会公众对科学技术正向价值的广泛认同和普遍接纳。

人们对技术发展的乐观态度表现为人们对科学技术价值和功能的信任、崇拜和依赖，并视其为构建人类未来美好生活的重要手段。具体说来，人们对技术的乐观态度主要包括技术信任、技术崇拜和技术依赖等多种情况。在现实社会中，有不少人对某一类别的技术及其产品表现出亲近、喜爱、赞同、接受、支持、共享甚至是沉迷的态度，这都可以看作是技术乐观主义的表现。

其三，技术现实主义态度。在技术悲观主义和技术乐观主义两种技术态度之外，有一些人会更加理性地看待技术的积极价值和负面价值，这就是技术现实主义。持有技术现实主义态度的人往往建议人们抛开成见，要冷静、理智、审慎、全面、客观地看待技术及其社会应用，既不盲目地相信技术乌托邦，也不消极地走向技术敌托邦，这是一种折中主义的反思技术与社会、政治和文化的思维方式。因此，我们可视之为谨慎的技术乐观主义。学者朱春艳指出，所谓的技术现实主义不是一种体系严密的哲学派别，也不是一种生活方式，它主要是试图对有关技术争论给出一种更具批判性的观点。技术现实主义倾向于对技术的社会作用做出一种更加深刻、更加细微的理解，是对技术的社会和政治意义进行评估的一种尝试。[①] 技术现实主义者既肯定科学技术的正面价值，也承认科学技术发展存在着一定的负面影响。但是，他们并不夸大科学技术的负面影响，而是要在积极正视科学技术负面影响的基础上提出改进和完善科学技术发展的策略。

（三）技术态度的主要特征

其一，技术态度的社会性。技术态度是人们在经历一段时间技术化社会生活的基础上，逐步形成的针对技术本身以及技术与人、技术与社会、技术与自然关系的看法。因此，人们的技术态度总会受到特定社会环境与社会关系的深刻影响。这就是说，在人类社会根本不存在什么抽象和纯粹的技术态度，而存在具有社会性的技术态度。可以设想如下：一个远离技术时代、远离技术化社会生活的人，没有对技术发展、技术知识、技术产品、技术服务和技术价值的直接感受与认识，也就根本谈不上有什么技术

① 朱春艳．现代西方技术现实主义思潮评析．江苏大学学报（社会科学版），2011，13（01）：23-26.

认知、技术判断和技术态度。

其二，技术态度的个体性。一般说来，态度是个体的人在特定的时空条件下，对某人、某种事物、某种社会现象或自然现象形成的比较稳定的心理倾向，包括认知成分、情感成分、行为倾向三方面的内容。以上内容使得人们的态度具有个体性、特殊性和局限性。具体说来，技术态度是人们对其所生活时代的整体技术发展以及某一类具体技术的发展和社会影响而形成的一种相对稳定的心理倾向。对现实的社会个体来讲，既有“张三”的技术态度，也有“李四”的技术态度，还有“张三”和“李四”共同的技术态度；从技术类别来讲，既会有蒸汽技术态度、电力技术态度、核技术态度、化工技术态度、生物技术态度、空间技术态度、能源技术态度，也会有信息技术态度、网络技术态度、人工智能技术态度、大数据技术态度、物联网技术态度、5G 技术态度等。我们还可以根据技术应用的实际情况对人们持有的技术态度进一步细分。例如，“生物技术态度”又可细分为克隆技术态度、转基因技术态度、基因编辑技术态度、合成生物技术态度和人类增强技术态度等。因此，人们在实践中谈到的技术态度往往都是具体的技术态度。

其三，技术态度的变动性。科学技术的内容与形态一直在发展变化着，科学技术的社会影响也会因为技术价值裂变而呈现复杂性、多元性和不确定性。同时，新的科学技术类别也在不断涌现，并对人类社会、人类个体和自然界产生影响。因此，人们的技术态度总体上都处在变动中。例如，人们对 DDT 合成技术及其产品的态度就曾经发生了根本性的转变。最初，DDT 以能有效杀灭农业害虫、提高粮食产量以及有效预防、阻止虫媒传染病扩散的光辉业绩而被誉为“万能的杀虫剂”，被很多人捧到神坛的位置。20 世纪后期，DDT 因为暴露出具有较高残留性、对自然环境产生不可逆转的破坏而沦为“生态杀手”，列入“禁用化学药物黑名单”，被国际社会永久禁产禁用。于是，人们对 DDT 及其密切相关的化工合成技术态度就发生了根本性的反转。同样，人们对曾经作为优良制冷剂的氟利昂的态度也有过巨大的反转。其根本原因在于人们后来发现氟利昂泄漏之后会破坏大气臭氧层，使得地球上的生物（包括人类）遭受更多的紫外线辐射。

因此，在不同的历史时期和不同的社会背景中，人们的技术态度会因为技术评判标准的改变和技术评估需要而发生很大的改变。人们对于同一类技术会产生从迟疑、抵制、崇拜到依赖的态度转变，也会产生从崇拜到依赖，再到迟疑、抵制的转变。因此，人们的技术态度受到技术发展态势变化及其社会后果变动的影响而呈现相应的变动。对于社会和个体来讲，都不存在一成不变的技术态度。技术态度的变动性充分说明，人们在技术社会实践中会不断深化对技术价值的认识和理解。

当前，我们用某种明确的态度看待技术和发展技术时，就会形成对应的较为强大的社会舆论，就会对相关技术发展和应用的方向、速度、规模、产业化、市场化产生很大的影响。在实践中，对人们的技术态度进行深入研究将有助于我们深刻理解技术伦理、技术文化、技术风险和技术心理等内容，有助于开展客观、全面的技术评估工作，为相关技术政策、产业政策的制定提供比较坚实的学理支撑。

二、技术恐惧概述

现代科学技术的发展日新月异，对人类社会产生的影响十分深远。但是，这些影响并非都是积极的。科学技术的负面作用为人们日常的技术心理反应平添了一丝恐惧色彩。人们一旦对某一项具体的技术类别产生恐惧心理之后，就容易对总体的技术环境产生焦虑甚至是厌恶，也会对其他技术类别、技术产品和技术服务产生排斥和回避。可以说，人们的技术恐惧已经成为当今技术悲观主义、反科学主义、反技术主义甚至是反智主义的社会心理基础。我们在深入分析技术恐惧问题时，有必要先从一般意义上梳理恐惧概念，再以此为基础讨论技术恐惧。

（一）恐惧的一般概念

恐惧是人类个体处于一种危险情景或面临刺激事物时采取的回避、防御反应，是一种消极的心理反应。从古至今，恐惧都是人类的一种基本心理状态。人们常常对那些身外之物、陌生之物、庞然大物、不可控之物等具有本能的畏惧心理。从心理学上来讲，较强的刺激信息作用于人类个体的大脑皮层，引起超限抑制，会降低人类机体的功能，进而产生难以克服的紧张情绪。进一步说，恐惧就是人类个体根据自己积淀的生活经验和间接知识，对外在的环境和事物可能会给自己带来的危险或伤害而产生的防御性心理反应。

人类恐惧心理的形成大致有两个主要来源：生理本能型与后天习得型。对原始人类来讲，由于当时生产力发展水平和科学技术知识水平低下，人们无法准确认识所面临的许多未知事物和现象。例如，人们对雷电、火山爆发、地震、黑暗和死亡等现象都会因为无知和困惑而产生强烈的恐惧感。随着人类社会的发展和进步，人类的认识水平和经验水平逐步得到提升，会消除部分已有的恐惧感，但也出现了基于人类经验而推测出的恐惧心理。从积极意义上讲，人们后天习得的恐惧心理会帮助人们主动远离那些可能包含危险的事物。这种危险或者源于自己的直接体验而产生的恐惧记忆，或者受他人经验教训的启示。毕竟，人类个体经过漫长的生物进化和社会进化过程形成了趋利避害、自我保全的本能。

在人类社会漫长的历史长河中，人类个体对来源于外界和自身的灾难、战争、疾病等方面的恐惧感无时不在、无处不在，一直伴随着人类的进化和成长过程。这会造成人类个体脆弱、乏力、不安甚至绝望的心理表征。诚如法国思想家帕斯卡所言，人是能够思想的芦苇。正因为人类有思维能力、借鉴能力，人类个体才能认识风险、推测风险、逃避风险和化解风险，才能对风险产生更多的恐惧感。又如挪威学者史文德森所指，恐惧几乎无处不在。人类具备抽象的思维能力，所以能感知到的恐惧比其他任何动物都多。一旦听说有某种危险，即使是在千里之外，人们都会将其视为对自己的威胁。[①]可见，人们头脑中的“恐惧”有不少是思维的产物，是人们想象和推测出来的。在当今风险社会，人们更容易受到恐惧思维的影响，甚至用恐惧的放大镜来察看万事万物。究其实，恐惧思维有其存在的合理性，毕竟现实生活能够激发人类恐惧思维的事物和因素是多种多样的。

在人们的生活实践中，“恐惧”一词的使用频率越来越高，用来描述经济现象、政治现象、军事现象、社会现象、文化现象、自然现象、生态现象和科学技术现象等，并作为一个高频词参与各种社会论题的激烈争论。在21世纪，人们用“恐惧”一词观察社会生活、经济社会发展具有至关重要的意义。针对上述情况，德国社会学家埃利亚斯在其作品中指出，恐惧是社会发展的重要机制之一，借此机制把社会结构传递给个体心理功能。[②]埃利亚斯指出人类文明性格的形成与人们恐惧的内在行为密切相关。可以说，上述观点揭示了恐惧的历史与社会的内在关系。我们要结合恐惧产生的历史和当代社会经验来理解埃利亚斯的思想内涵。汉吉斯认为，人们只是从哲学和神学层面较多地分析产生恐惧的问题。但是，在人类学、心理学和社会学视角的关注度却逐步减少。因此，我们有必要结合人类社会的实践经验，从不同的维度来探索恐惧的影响与社会价值。

（二）技术恐惧的概念

研究技术恐惧需要具体分析技术恐惧的对象是什么，它的内涵有哪些。国内外不同领域的学者，如技术哲学家、社会学家、心理学家、教育学家、管理学家以及工程技术人员分别从技术恐惧的内涵、类型、心理模式、产生根源和消除措施等方面开始比较系统的研究，取得了较为丰富的成果。

随着全球化、信息化程度的不断加深和新一轮科学技术革命的兴起，

---

① 史文德森．恐惧的哲学．范晶晶译．北京：北京大学出版社，2010：25.

② 埃利亚斯．文明的进程：文明的社会发生和心理发生的研究．王佩莉，袁志英译．上海：上海译文出版社，2013.

技术恐惧概念已经被人们赋予多重价值内涵，并且逐步扩展到对整个现代技术发展领域的思考。在许多新兴的高技术领域，比如生物技术、信息技术、网络技术、纳米技术、人工智能技术、大数据技术等，人们开始利用技术恐惧来表明公众的技术态度和技术心理，以此视角来分析新技术发展中的未知风险。当前，人们一般从消极意义甚至是贬义上来理解技术恐惧，用它指称人们对现代技术发展的一种否定性、批判性心理现象。但是，在这种充满情绪化、非理性的技术心理中也有其合理成分。有一些学者已经注意到技术恐惧的内在价值。通过对技术恐惧心理的分析，我们可以更加全面地思考技术的本质及其社会影响，有助于分析技术与人、技术与社会、技术与自然的内在关系。

在今天技术向深度和广度发展的社会环境，人们已经普遍地依赖着技术进步所带来的各种技术产品、技术服务以及所构成的技术环境。事实上，人们也没有太多的主动选择技术的余地，只能去努力适应势不可挡的技术发展。但是，在技术被滥用、误用而产生的风险来临时，人们难免会对技术产生一定的恐惧心理。当然，在人类恐惧的总体构成中，技术恐惧只是其中的一类，主要指人们对技术发展及其应用过程已经带来的危害和潜在风险而产生焦虑、排斥、厌恶和恐慌的心理反应。技术恐惧具体表现为人们对技术情感上的疑虑、认知态度上的悲观以及行为上的回避与抵制。技术恐惧是现代人类社会不容忽视的一种技术心理反应。在西方工业化程度比较高的国家，随着科学技术的发展和应用进程的加速，技术恐惧早已成为一个长期存在而又较为普遍的社会心理问题。

在英语中，technophobia（技术恐惧）是一个复合词，有工具书将其解释为因技术对社会及环境造成不良影响的恐惧，或等同于technofear。在英文中，相关的词汇还有“技术压力”（technical pressure）、“技术焦虑”（technoanxiety）和“技术应激”（technostress）等。在《韦氏大词典》中，technophobia是一个名词，意思是人们对先进技术或复杂技术装置，尤其是计算机产生的恐惧或厌恶心理。可见，人们的技术恐惧对象首先是指对人类社会和环境形成的不良影响（如个体自由的丧失、人性的挤压、隐私泄露和生态破坏等），而上述不良影响与技术发展和应用存在着一定的因果关系。因此，我们可以进行以下简单推理：技术发展→不良影响→人类个体→恐惧。简而言之，技术发展→恐惧。因此，人们有比较充分的理由对技术发展及其社会后果、自然后果产生恐惧，而技术本身也就成为人们恐惧的对象。

值得追问的是：在科学技术日益发达的现代社会，技术何以成为人们恐惧的对象？人们为什么会恐惧技术？人们恐惧的技术成分是什么？为了有效分析技术恐惧问题，需要细致梳理技术概念和内涵。关于技术的内涵是什么？主要包括哪些内容？学术界众说纷纭，在当前并没有确切和一致的看法。进一步说，技术本身就是一个十分复杂的研究对象，随着技术新形态的不断出现和人类社会生活的技术化变迁和技术化构造，技术发展会不断带来新问题，产生新现象。相应地，人们对技术恐惧还会有不同的解释，我们需要结合技术发展和应用的实际来具体分析这一动态性问题。

为了更好地分析技术恐惧问题，我们既需要密切关注科学技术的发展前沿和社会影响，也需要系统考虑科学技术应用的社会环境。技术恐惧不但是一个技术认知、技术心理问题，也会涉及技术评估和技术态度，还是一个政治问题、经济问题、文化问题、生态问题、社会问题、道德问题和教育问题。在现代社会，技术恐惧已经在很大程度上形成了一种特殊的技术文化。也就是说，人们对技术发展的长期恐惧心理体验，逐步积淀为具有特殊性、否定性的技术文化。过去，我们曾经长期忽视了技术恐惧心理在理论研究、政策研究中的实际影响。因此，在研究技术恐惧现象时，我们要重点关注它在哲学、社会学、经济学和公共政策领域的理论意义、实践价值。

（三）技术恐惧的主要表现

在现实社会中，复杂多样的技术并不空洞玄虚、神秘莫测，技术以其有效的产品和社会服务等形式让人们能够真实地感受到它的客观存在。因此，技术的存在价值是能够被人们看得见、摸得着和感受到的。可以说，几乎每一项技术及其价值都是具体的、可感知的。因此，在人类社会根本就不会存在什么“抽象”“想当然”“莫须有”的技术恐惧。技术恐惧总是一种感性的、具体的存在，是能够为人们所感知的技术发展负面影响的总和。当前，科学技术越来越渗透到人们日常生活的细节中，技术恐惧的对象变得日益明确。例如，所谓的“生物技术恐惧”是指人们针对转基因玉米、转基因大豆、转基因水稻等具体的生物技术产品可能会对人体健康和生态环境带来危害而产生的一种恐惧感。一般说来，人们的技术恐惧主要表现为以下方面。

1. 技术恐惧是人们对技术发展社会影响的心理反应

在实践中，技术恐惧心理与技术悲观主义思潮相互影响、相互交织，它们与科学技术的发展和应用如影随形。人们对技术的恐惧感总是随着技术的发展而在不断变动，特别是新技术应用带来的新产品、新事物以及所引发的社会关系变革、社会环境改变等都会让人们感到不适和不安，就会使一些人对新技术的应用产生一定的恐惧感。在人们对新技术普遍适应和接受之后，上述技术恐惧感有可能会逐渐弱化。但是，新的技术类别出现，将会带来新型的技术恐惧。结合近代以来科学技术发展的历史进程来说，人们的技术恐惧体验可以大致分为“机器技术恐惧”“核技术恐惧”“计算机恐惧”“生物技术恐惧”“纳米技术恐惧”“大数据技术恐惧”“人工智能技术恐惧”等阶段。事实上，围绕技术发展和更替而发生演变是技术恐惧的重要特征之一。需要说明的是，随着新技术的产生和发展，当新的技术恐惧类别出现时，并不意味着原有的技术恐惧类别完全消失。但是，人们对已有技术恐惧的关注度会逐步降低。如此看来，在一定的历史时期，新旧技术恐惧类型会同时存在，共同影响着人们对技术发展的态度。

2. 技术恐惧是人们批判与反思技术发展的社会文化

19 世纪中叶以来，在西方资本主义社会逐渐形成了一股技术恐惧的思潮，并且不断蔓延开来，其主要原因在于近代科学技术革命导致人类社会生活、社会面貌发生巨大的变革。科学技术的发展已经对人类的生产方式、生活方式、思维方式、道德秩序、价值观念、社会习俗、人际交往方面造成严重的冲击，甚至是带来了颠覆性的变化，引起了公众的强烈反响。与此同时，科学技术发展对人类社会和自然环境的负面影响、异化作用让人们感到困惑和不安。于是，对科学技术发展前景产生悲观的人数逐渐增多，形成了不可小觑的技术悲观主义和反技术主义思潮。那些对技术发展前景持悲观态度的人往往会片面理解技术的社会价值，甚至怀疑和否定技术的积极价值，认为技术发展方向同人类社会发展和进步的方向相悖。他们还认为，技术发展会危害人类个体的身心健康，会破坏社会的良好秩序，会对和谐的自然环境构成威胁。在现代社会，已经形成了一类以反思技术发展价值和发展前景为核心主题的技术恐惧文化，在文学及艺术作品、社会思潮、公共舆论和严肃的学术研究中均有不同程度的体现。

3. 技术恐惧是人们抵制技术异化发展的感性活动

在现代社会，技术恐惧对人们的生活方式、思维方式等都会产生深刻的影响。在开始接触与操作比较复杂的新技术过程中，人们会有不同程度遭遇挫折的心理反应，也会对技术的负面影响和消极作用产生困惑和不满，进而采取相应的抵触行为。例如，人们开始会因为计算机操作难度大而存在学习障碍，后来又对人类社会过度信息化、信息污染、信息垄断、信息欺诈和信息鸿沟问题产生强烈不满。人们也会对技术进步引发的失业现象，对网络诈骗和电信诈骗犯罪行为产生一定的忧虑和恐惧心理。在信息发达社会中，人们容易对技术应用的负面问题产生舆论共鸣，甚至会引起一定范围的社会群体运动。在历史上，已经发生过一些比较有影响的与人们的技术恐惧心理密切相关的极端社会事件。除了工业革命时期在英国发生的卢德运动，美国在 20 世纪末期发生了给高科技研究者邮寄炸弹导致约三十人伤亡的“卡钦斯基事件”。21 世纪初，德国、法国发生了多起仇视转基因作物的抗议者破坏转基因试验田的事件。这些事件表明，一些人面对技术压力产生了较为严重的技术恐惧心理，逐步成为具有社会破坏性的卢德分子。他们往往会通过采取激进的行动来发泄内心的不满、愤怒和恐惧，以此来传达他们强烈抵制技术的信念。当然，这是他们在无法阻挡技术发展步伐时进行的无奈又无效的抗争。

4. 技术恐惧者会形成一类有特定技术价值认同的社会群体

目前，一些技术恐惧者会形成比较松散的社会群体，通过现代媒体来扩大自身的社会舆论影响，传播自己的声音。如阿门宗派、新卢德派和人类反机器人组织（Humans United Against Robots，HUAR）等。阿门宗派人士声明，从宗教视角看，技术发展的后果会充满一定的罪恶，会带来人性的堕落，人们必须反对现代技术及其社会应用。新卢德派不仅仅是简单地恐惧技术，他们还有自己明确的反对技术的理论和立场。随着人工智能技术的发展及其与生物技术的高度融合，HUAR 人士忧虑和反对可能会出现的机器人暴动现象。如果人们无法控制上述局面，将会给人类社会发展带来严重的生存威胁。另外，一些商业组织和环境保护团体在试图阻止某一类新技术、新技术产品（如转基因农产品）的社会扩散和商业推广时，也会有意放大并传播相关技术应用的负面影响，这些人往往被列入技术恐惧人群的行列。

（四）技术恐惧的差异性

1. 技术经验引起的恐惧差异

在社会生活和生产实践中，人们接触到某一项技术的机会越多，受其直接影响就会越大。人们对技术的依赖性越强，就越容易对此项技术产生恐惧感。例如，由技术进步带来的产业结构调整在社会层面引发了所谓的技术性失业现象。那些被技术夺走饭碗的失业者，难免会对技术及其物化形态（工具、机器和设备等）产生憎恨和恐惧。相反，没有受到产业升级、产业结构调整而影响就业的人群，往往对技术没有这种切身的心理感受。例如，纺织机械技术取代了手工纺织技术，大量的纺织手工业工人失业；照相机的发明夺走了一些肖像画家的饭碗；数码相机的发明造成了数以万计人的失业，如胶片相机生产制造、胶片生产、胶片冲印等行业的很多就业岗位随之消失。

一般而言，随着科学技术的发展和应用，越来越先进的技术设备会逐步替代传统产业工人的劳动，技术密集型产业会逐步取代劳动密集型产业。美国麦肯锡全球研究院在 2018 年发布的一份研究报告指出，在未来社会，大量劳动密集型产业工人会因为自动化和人工智能的进步与推广而失业。这些工人将被具有更大竞争力的自动化机器所取代。因此，新技术的发展和应用在创造新的就业岗位时，也会造成相应的失业现象，而低技能工人将成为技术性失业的最大受害者。在一些自动化、智能化水平比较发达的国家和地区，在其传统工业、农业和服务业部门，低技能劳动力被边缘化的程度日益加深。因此，技术性失业问题必然引起一部分社会成员对技术社会产生焦虑与不安。

实践表明，技术恐惧与人们对技术手段和装备掌控的熟练程度有关系。例如，那些能够熟练运用计算机技术的工程师、程序员、打字员几乎没有计算机操作层面的恐惧，初学者却有“无所适从”“能力危机”“本领恐慌”的忧虑感、挫败感。相关技术心理测量结果表明，一些生产设备和电脑软件的设计没有充分考虑人性化的要求，让人们在操作时遇到许多障碍进而产生束手无策的感觉，同样会引起人们的恐惧心理。

2. 年龄差别引起的恐惧差异

在研究技术恐惧时，我们常常遇到以下问题：是不是每一个人都会产生技术恐惧心理？哪一个年龄段的人更容易产生技术恐惧心理？是否老年群体更不容易适应新技术的发展而产生一定的学习障碍，进而出现恐惧心理呢？一般说来，由于年龄差异而形成的生理差异、思维差异、认知能力差异和行为差异等具有一定的客观性。在社会急剧变革和知识加速更新的年代，每一代人的知识和技能都会面临老化，甚至长时间积累的技能经验也会贬值。现实生活中，在对新技术及其产品的学习、适应、接纳和使用能力方面，老年人往往不如年轻人来得快。因此，在新技术挑战面前，老年人群体中的轻度技术恐惧就显得比较普遍，更容易产生“世界变化太快，总是弄不明白”“人老了，跟不上时代步伐”“被技术隔离和边缘化”的心理困惑。有学者指出，技术高速发展所带来的技术鸿沟与经验贬值使得社会不平等的现象进一步加剧，并使老年人群体的社会地位以及资源配置能力受到削弱，进而衍生出各种社会不公平问题。[①] 因此，在老龄化社会已经来临之际，我们要积极地正视老年人的技术心理变化，密切关注老年人在技术社会的现实生存状态。

信息技术、网络技术、大数据技术、人工智能技术等对社会生活的广泛渗透，引起了人们对技术应用公平、技术正义和技术共享问题的争议。从社会公平、社会共享的角度来看，老年群体对高技术产品的有效使用这一现实问题值得我们去密切关注。有人就提出要给老年人提供更多的针对新技术的实践机会，鼓励、支持、帮助老年人更加便捷地参与到新技术的社会实践活动中去。特别是要设计和生产出适合老年人身心特点、物美价廉的产品，如老年智能手机、老年智能电动代步车、老年智能家用医疗设备等。通过提高技术产品的益人性、可操作性，通过有针对性的培训和教育进行技术扫盲，帮助老年人克服内心的技术恐惧而愉快地分享信息时代的技术红利，让老年人共享技术发展和进步的积极成果。总之，技术恐惧心理的形成与人群的年龄分布有一定的关联性，也会带来一定的差异性。上述事实表明，在分析和调适人们的技术恐惧心理时，既要因地制宜、因时制宜，更要因人制宜。

3. 知识因素引发的恐惧差异

在现实社会，由于接受科学教育水平的不同和学习能力的差异，人们掌握的科学技术知识量有多寡之分，这也会影响人们的技术心理。但是，我们要辩证地分析知识与恐惧的关系。在实践中，人们的知识水平（或知

① 庞涛，岳琳琳．技术赋能与人本关怀：信息技术对老年人生活的挑战与机遇．中国社会工作，2020（29）：31-32.

识总量）与技术恐惧心理并不是简单的一一对应关系。可以说，人们具有的知识水平对技术恐惧心理的影响是多样化的，甚至会出现反向的情况。例如，一些科学技术知识水平比较低的人群，因为“无知识”“无经验”“无立场”等情况更容易盲目相信和追随别人的技术恐惧感；另一方面，他们也可能会因为“无知”而“无畏”，对新技术不会产生什么恐惧心理。相反，那些拥有较多科学技术知识的人群，由于事先清楚技术发展的价值和实质，就可能不会对技术发展及其社会后果产生恐惧心理。对于拥有较多科学技术知识的人群，也可能出现相反的情况。拥有丰富的科学技术知识有助于人们对技术发展问题的思考更为深刻、更为长远，会比普通公众较多地思考技术的异化维度，反而加剧了自身对技术发展的恐惧感。可见，知识水平对人们的技术恐惧心理产生的影响不能一概而论。但从总体上说，科学技术知识的教育、普及与传播有助于人们科学精神的培养，有助于人们客观认识技术的价值及其与社会的关系，也有助于减弱人们的技术恐惧心理。

第二节　技术心理与技术恐惧

在生活实践中，技术恐惧的形成原因并非单一，它是技术实践的复杂性、个体心理的特异性、社会文化的多元性、媒体传播的普遍性等多因素综合作用的结果。因此，我们不能简单、笼统地去理解技术恐惧的成因。大致说来，人们的技术恐惧心理经历了从无到有、由浅入深、由单一化到多样化的发展过程。随着近现代科学技术的发展，人们恐惧的技术类别从少到多，从机械技术、蒸汽机技术、电力技术、化工技术、核技术、生物技术、网络技术、信息技术到纳米技术、大数据技术、人工智能技术等多个领域。可以说，在技术发展史上，几乎不存在不令人忧虑的技术类别。

一、人们对技术变革的不适应心理

在人类社会，任何一类新技术的出现和应用都会对人类个体生活产生重要影响，进而改变人们的生活方式、生活环境、生活内容、思维习惯和交往方式等。虽然说技术增长和发展代表着进步，但也表明了一种变化。人们会因为安全感去喜欢熟悉的事物和环境，人们往往对变化具有一定的抵触倾向。因为变化会带来不确定性，会带来意外和焦虑。在生活实践中，受人们长时间形成的生活习惯和思维方式的影响，人们对于熟悉的生活环境、工作环境和工作技能更容易去适应。相反，人们在掌握新知识、新技能时往往会遇到一些学习障碍，会让人们产生一种挫败感。此外，人们在潜意识里有趋吉避凶的愿望和本能，愿意接受自己已经熟知、能够把控的事物和环境。具体而言，人们对自己比较熟悉的技能和知识，具有相对完善的防范意识和较强的掌控能力。在面对新技术时，人们在一开始就会产生不同程度的不适应感，工作效率会降低，就容易对其产生抵触情绪。对于消费者来讲，上述抵触情绪往往表现为对新技术产品、新技术服务产生一定的观望、排斥和质疑。

有学者指出，技术世界的强大威力和不可捉摸的后果让人们感同身受，人们的自主性在下降，而受技术整体控制的情形愈演愈烈，人们自然会对技术产生抵触情绪。[①] 例如，20 世纪 80 年代以来，随着计算机的广泛应用出现了所谓的计算机恐惧，需要人们认真面对和解决。此后，计算机及附属设备的复杂性和更新速度的加快，让许多人产生很大的技术压力，让人们既紧张又无奈。基于计算机认知和操作的焦虑感，在社会层面形成了技术恐惧的文化氛围，“人类将被电脑统治”和“电脑将取代人脑”的恐惧设想渐渐深入人心，在文化层面建构了计算机技术的悲观发展前景。从“深蓝”到 AlphaGo 的“人机大战”，反映了电脑的深度学习功能在不断提升，反映了人工智能不断模拟和超越人脑，给人们带来许多忧虑

① 包国光，陈红兵．技术批评主义及其心理根源．东北大学学报（社会科学版），2002（04）：235-237.

和不安。

结合本书的研究来讲，现代生物技术的发展为人们创设了一个相对独立的崭新技术世界，出现了许多新事物、新现象和新问题，而这些都是人们之前未曾经历过的。因此，人们无法把已有的技术经验向现代生物技术构造的新世界进行复制和迁移。面对新的生物技术世界所形成的技术与人类、技术与社会、技术与自然之间的关系和情景，人们无所适从，并产生一种陌生感、隔阂感。随着现代生物技术对人类社会的逐步渗透和应用，人们在日常生活中已经真切地感知到这种巨大的变化。例如，在人们的生活中，已经出现了转基因大豆、转基因玉米、转基因西红柿等新的农业品种，“吃”与“不吃”的问题都在挑战着人们的心理防线，让人们处于困惑和忧虑的境地。

二、技术保守主义心理的消极影响

当前，迅猛发展的科学技术给人们带来了新的发展机遇和挑战，在很大程度上影响了人们长期形成的价值观、思维方式、行为方式和生活习惯，人们被迫进行必要的调整。相对于快速的社会变革，社会意识的变革一般具有一定的延迟性。因此，现代技术发展超出人们的认识、理解和控制能力时，会给人们带来困惑、烦躁、恐惧和不满的感觉，就会在社会层面引发一系列的争论。

人的社会心理往往具有一定的保守性，人们希望保持安全、稳定与和谐的生活环境，这也是人类自我防护本能的体现。特别是对科学技术发展持保守态度的人群，他们往往不希望技术变革改变自己的生活环境和生活方式。因此，在上述人群中间就更容易产生和扩散技术恐惧心理。在工业革命初期，当许多人对科学技术的发展和应用感到欢欣鼓舞时，那些保守主义者却对科学技术的社会影响、社会成果表现出较多的忧虑和疑惑。事实上，重新学习、掌握和适应不熟悉的技术操作过程，会影响不少人的职业稳定感、获得感，让人们产生紧张的心理。

在生活实践中，某些处在特殊位置的社会群体也容易成为技术保守主义者。比如作为一个社会组织的高层领导或受人尊敬的长辈，他们中的一些人会对新技术的发展产生一定的排斥心理，表现为不愿意主动学习新技术，不愿意向下属和晚辈请教学习新技术，认为这是一件有失尊严的事情。由于不主动学习和使用新技术，这些人群容易成为技术保守者。这一现象存在于计算机技术、通信技术和网络技术等社会实践中，在其他类别技术发展史上也曾经出现过。例如，19世纪末德国邮政部门曾计划举办一个管理会议，会议的主题就是“如何消除电话恐惧症”，计划邀请各大企业的最高主管，结果没有人愿意出席此次会议。这些高层人士普遍认为，电话应该是助手或秘书使用的，与他们无关。如果他们自己使用电话则会丢身份。[①]如今时过境迁，几乎没有人再对电话产生多少恐惧了。今天，移动电话和各种移动智能终端已经成为人们日常生活须臾不可分离的必需品。但是，历史上曾经发生的电话恐惧事件还是给予我们一定的启示，有必要加强科普宣传教育，提高人们对新科学、新技术社会功能和价值的认识，逐步消除技术恐惧心理。此外，在与新技术应用密切相关的领域要经常性地开展职业教育，培养员工顺利适应新技术环境的能力，不断提升他们的技术操作水平。

三、过度技术依赖心理的失落

表面上看，技术恐惧和技术依赖是人们两种对立的技术态度。对当前技术恐惧现象的研究，反而越来越令人感觉到技术恐惧和技术依赖是相互纠结的。在多数情况下，人们恐惧某一类技术，是因为对此项技术及其产品依赖太深，无法摆脱技术及其产品的影响，这就是所谓的“爱之深”则“恨之切、责之切”。一般说来，当现代人对技术的依赖性加大时，就意味着人们必须放弃自由。人们由于丧失了对技术的自主选择性和控制力，对技术已经“不由自主”了。当前，人们过度地依赖智能手机和网络，出现

---

① 王嘉廉．电脑时代的恐惧与压力．林佩琳译．北京：时事出版社，1997.

了普遍性的"低头族""拇指族""网游""刷抖音""追剧"等与网瘾相关的社会现象，甚至严重影响青少年的学业成长和身心健康。以至于有人提出"想毁掉一个孩子，就给他一部智能手机""三块屏幕（手机、电脑、平板电脑），毁掉一代人""手机 = 手雷"等观点，这些言论绝不是耸人听闻。就连已经成人且具有较强自律性的大学生也很难自觉摆脱手机沉迷，以至于国内不少高校要求强制推行"无手机课堂"。在当下社会，手机、平板电脑等便携式智能终端已经被不少人视为"危险品"，这充分反映现代技术及其产品对人们深度的异化影响。无论是技术责任的落寞，还是对技术难以驾驭的无奈，都会在人们的内心世界打上深刻的恐惧烙印，也会给人们带来极大的技术心理落差。

第三节　技术文化与技术恐惧

人们技术恐惧心理的形成与特定时期、特定社会流行的技术文化具有较强的关联性。可以说，技术文化对技术恐惧具有比较大的引导和塑造作用。

一、技术恐惧文化的产生

文艺复兴之后，近代自然科学与理性的萌芽就在西欧出现。与此同时，反对理性的声音也此起彼伏。在知识就是力量理念的激励下，人们一开始是迫切希望获得更多的新知识，由此获得更多改造自然和控制自然的强大力量。但是，人们又担心这种充满叛逆甚至异端的新知识、新理念会招致上帝的惩罚，毕竟当时的宗教势力具有强大的政治影响、社会影响。然而，社会层面的文化启蒙运动获得了越来越多人的支持，日益扩大了自然知识与人类理性的范围。人们逐步接受了具有相对进步意义的资本主义生产方式和生活方式。人们逐渐认同科学技术的强大力量和社会价值，为其发展欢呼雀跃。

然而，如同卢梭这样的人文学者却认为科学技术的发展会导致人类社会道德的没落，进而对其进行大力批判。这表明科学技术发展与人类道德进步之间存在着难以调和的内在矛盾。但是，这个矛盾是如何形成的？形成的原因又有哪些？人们早在工业革命的发展历程中深刻体验了科学技术的巨大威力。科学技术直接体现了人类的理性力量，并把人的主观能动性变成现实。人们通过技术手段展现自身理性的无所不及、无所不能，这种能力似乎只有"上帝"才会具有。因此，在西方社会文化中就出现了人们利用科学技术手段去"扮演上帝"的说法。科学技术发展和实际应用效果带给人们前所未有的自信，使人们更加积极地去改造和主宰自然。在这个过程中，人类逐渐改变了自己的形象，人不再是自然界面前缩手缩脚的奴仆。但是，伟大的力量总是令人崇拜，也让人心生忧虑、心存畏惧。人们有必要反思同技术发展和应用相关的现实问题：人们为什么要去扮演上帝？扮演上帝的必要性、合理性和目的性何在？人类能否去扮演上帝？人类扮演上帝的资格何在？人类能否扮演好上帝？人类扮演上帝的有效手段何在？人类扮演上帝的后果是什么？人类扮演上帝的深远影响如何？人类创造出的科学知识、技术诀窍有无失控的可能性？科学技术有无可能成为人类社会发展的桎梏？科学技术的高度发展是否会反噬人类？等等。面对以上诸多疑问，人们就把质疑的矛头指向了科学技术。

随着科学技术的强大发展，人们产生了技术恐惧的萌芽。技术恐惧一方面以社会文化的形式萦绕在思想家的脑海，并将这种文化反映在各种人文作品中；另一方面，技术恐惧也出现在社会公众的现实生活中。一些社会公众在身体和精神层面受到了双重的技术伤害，就被迫采取行动进行回应。19 世纪初，在英国诺丁汉等地爆发了工人破坏纺织机器的卢德运动。工人们以争取劳动机会、改善劳动条件和提高物质生活待遇为目标，以此来反对企业主的压榨和剥削、反对新技术的应用。随着时间的推移，类似事件也发生在其他国家。这类与新技术在生产实践应用相关的群体性事件说明：人们的技术恐惧心理与社会经济因素结合起来，有可能积聚成一股较为强大的力量，甚至会以破坏性的方式爆发出来，对人类社会发展进程产生较大的影响。

社会变革因素也会影响甚至改变人们对理性的态度。例如，18 世纪末期，法国大革命失败之后，出现了社会动荡不安和政治迫害，给社会公众心理增添了恐惧成分，使人们对理性在社会层面的表现产生了绝望。对此，恩格斯评价说：同启蒙学者的华美诺言比起来，由“理性的胜利”建立起来的社会制度和政治制度竟是一幅令人极度失望的讽刺画。那时只是还缺少指明这种失望的人，而这种人随着新世纪的到来就出现了。[①] 在许多人看来，在资产阶级革命期间提出的“自由、平等、博爱”理念已经成为泡沫，启蒙运动的理性王国充满矛盾和无序，变得令人失望。人们对现实社会状况不满意，人们渴望一种新的思想、新的解答。因此，为回应理性主义及工业文明对人类社会、人性和自然环境的破坏，在西欧文艺领域产生了一股浪漫主义思潮。在此背景下，玛丽·雪莱创作完成《弗兰肯斯坦》这一经典作品，描述和分析了人类社会日益技术化的发展趋势，表达了对广泛应用科学技术而使生命失去人性的悲观前景的严重焦虑。这部作品从侧面反映了人们对科学技术日益强大力量的敬畏与恐惧。其书名 Frankenstein 成为技术文化的重要隐喻，从人文向度对科学技术发展的社会后果进行深刻反思。Frankenstein 一词已经在西方技术文化中牢固地确立下来，它表征一切由人创造出来却在实际中奴役人、危害人的技术物体。

二、技术恐惧文化的形成

19 世纪后半期以来，新一轮的科学技术革命特别是物理学领域的创新性发展，迅速把西方社会引向电力时代。但是，在西方社会出现了令人

① 中共中央马克思恩格斯列宁斯大林著作编译局．马克思恩格斯选集：第三卷．3 版．北京：人民出版社，2012：779.

沮丧、充满困惑的悖论图景：随着科学技术的发展，社会和生产领域不断高度组织化，出现了以泰勒制、福特制高度组织化和自动化为特征的企业王国。但是，在高强度工业生产流水线的异化和压抑下，人性逐步被扭曲，价值观逐步被异化，个体的人成为生产线上的一个零件。这种情况还引发了周期性的经济危机，出现了整个社会大生产的无序性和广泛的社会震荡。由此而来的技术挤压和社会危机对人们的生存产生了重要影响，人们对人类社会的未来发展前景充满失望和忧虑。

在这一时期，有不少敌托邦文艺作品反映了人们对科学技术未来发展的悲观态度。这些作品的重要目标之一就是演绎和论证技术恐惧文化，既表现在流行电影和小说的细节描述中，也突显在学术研究探索的主题中。在学术研究领域，特别是法兰克福学派的学者把技术看作是人类社会新的统治形式，高高举起批判科学技术的旗帜，特别是批判科学技术发展产生的各种社会异化现象。在生活实践中，技术因其不易消除的负面作用和消极社会影响受到人们的批判和质疑。对此种技术异化现象，马尔库塞在其作品中严正地指出，必须向人们提出一个强烈警告，即要提防一切技术拜物教。[①] 这种充满忧虑的警告至今仍不失其现实价值和启示意义，它试图让我们避免把技术崇拜推向极端，毕竟科学技术不是万能的，不能解决人类社会所有的现实难题。

20 世纪上半叶，先后发生了两次惨烈的世界大战。许多人被无辜地卷入战争，出现了巨大的人员伤亡。战争既给人类社会带来了重大的经济损失，也给人们带来了难以弥补的心灵创伤。战争的现实需要有力地刺激了科学技术的新发展，也对科学技术在社会实践层面的异化程度起到了催化作用。在当时，大量的新技术首先应用于军事装备，助推战争中的杀戮行为。一些具有强烈社会责任心的学者对科学技术的社会价值取向十分迷茫，认为有必要对科学技术异化问题进行系统批判。比如，核能的开发和

---

① 马尔库塞．单向度的人：发达工业社会意识形态研究．刘继译．上海：上海译文出版社，1989：214.

应用预示了原子能时代的来临。但是，在 1945 年 8 月，美军分别在日本广岛、长崎投掷原子弹并引发爆炸，造成大量人员伤亡和巨额财产损失。从此，这个事件使日本乃至于人类社会在核恐惧的心理阴影中徘徊不前。对此事件的发生，原子能科学家首先从职业角度进行了深刻反思。国内有学者指出，那些成功实现原子弹发明的科学家是第一批意识到技术进步会带来复杂性后果的人，他们试图用自己的积极行动来激发人们对核战争可能性的广泛思考。他们既通过严肃的公共政策方面的论文影响政府，又通过创作科幻小说来表达忧虑，进而影响普通大众。①

西方人文主义也开始与科学理性决裂，甚至站到非理性的一端。因此，科学主义与人文主义之间的鸿沟进一步拉大，两种文化的差距更不容易消除。令人深思的是，近代以来人们在面临许多棘手的现实社会问题时，往往会把科学技术当作替罪羊。在西方文化中，技术恐惧作为对个体侵蚀的焦虑表征曾长期存在，随着 20 世纪晚期以来技术变革的加速而得到进一步强化。时至今日，技术恐惧经常被用作其他类别焦虑的文化隐喻。这就是说，人们既对技术本身的发展产生一定的恐惧心理，也对技术与社会之间复杂的关系以及由此引发的许多不确定的后果产生恐惧感。至此，技术恐惧已经改变了人们之前相对单一的技术态度，使技术态度呈现复杂态势。正如有学者所言，随着第二次技术革命的发展，出现了技术恐惧主义这样的技术理念。② 至今，技术恐惧理念仍在影响许多人的技术心理。随着科学技术的深度发展与广泛应用，人们基于技术恐惧心理的技术悲观主义反思越来越深入、越来越系统，呈现出多元性、跨学科、跨时空的特点。

三、敌托邦文化解读科学技术的发展

如果人们能够对科学技术的发展进行理性的社会认知，就会对人们的

① 马兆俐，陈红兵 . 解析“敌托邦”. 东北大学学报（社会科学版），2004（05）：329-331.
② 盛国荣 . 技术哲学语境中的技术可控性 . 沈阳：东北大学出版社，2007：13-15.

技术恐惧心理起到一定的弱化作用；相反，则会加剧人们的技术恐惧程度。在实践中，文艺作品对人们技术恐惧心理的形成起到特别重要的作用。有不少科幻小说和电影演绎了高技术发展统治世界进而控制人类社会的恐惧场景，具有明显的敌托邦倾向，揭示了技术社会中存在的多种弊端：物质主义、精神压抑、人性沦丧、道德冷漠和专制集权等。上述作品的广泛传播是导致公众产生技术恐惧的重要原因之一。一般说来，文艺作品具有艺术夸张和渲染的倾向性，它们会放大现实技术异化现象的程度和范围。因此，这些作品会推动技术恐惧社会心理的形成和传播，容易误导人们对技术发展的认知和评判，会强化公众技术态度的风险维度、异化维度和恐惧维度。

20 世纪 60 年代以来，大量科幻影视作品的制作与广泛传播，在社会层面引发一股新的技术恐惧思潮。例如，有不少作品以计算机技术在人们社会生活中的应用为背景，演绎了意想不到的社会发展后果。针对人类社会广泛应用计算机、智能机器人的发展趋势，人们产生了有增无减的恐惧心理。具体说来，在《西部世界》《未来世界》《魔种》电影作品的情节中有不少技术恐惧心理的体现。南希·伯克还专门撰写“电影如何反映技术恐惧”的文章，指出不少电影已经在不断说明来自人类技术发明的公众恐惧情感。许多科幻电影中的主题超前反映了现实社会的技术发展后果。例如，电影作品《星球大战》《星际迷航》《星球大战 2：帝国反击战》为追求票房价值，不断演绎“超人”超越人类、机器人控制甚至毁灭人类的恐怖故事。总之，上述电影作品用形象直观的方式引起或者误导公众对技术发展过程中可能存在危险问题的关注，在心理层面激发并丰富了人们对技术忧虑的逻辑空间。

进一步说，技术恐惧已经成为许多广为传播的影视作品的关键词。例如，《终结者》以及《异形》系列电影给人们展示了未来社会的技术发展图景。但是，这种图景并不总是美好的，而是充满了绝望、暴力和恐惧。那些“高技术种族主义”和“机器人种族隔离”社会现象的出现实在令人忧虑和无奈。又如《机械公敌》《黑客帝国》《神秘博士》《机器人之死》等影片也涉及技术恐惧主题。假如说上述电影作品通过艺术夸张方式演绎了技术恐惧现象，那么英国人工智能与控制论专家渥维克在作品中从逻辑层面论证了人工智能的未来：机器可能会变得比人类更聪明，机器可能会取代人类。[①] 这在今天人们对人工智能发展前景的普遍忧虑和深刻反思中得到了有力印证。

20 世纪中期之前，“卢德主义”或“卢德派”主要当作一个贬义词用于批评那些跟不上新技术发展步伐的人群。学者斯诺指出：如果我们忘记科学文化，那么其余的西方知识分子绝不会试图想要或者能够理解工业革命，更不要说去接受它了。知识分子特别是文学知识分子是天生的卢德派。[②] 这段话表明了科学文化与人文文化之间存在难以逾越的鸿沟。由于缺少有效的沟通，误解在所难免，而那些“文学知识分子”更容易对科学技术的发展进行质疑和批评。

20 世纪后期，计算机革命在全球范围内引发了强烈的社会影响和冲击。特别是卢德主义和卢德派再次成为美国社会舆论关注的热点，他们以批评新技术的应用为目标，从多个角度指出新技术的负面影响。例如，新卢德派针对信息技术的推广使用进行比较深入和系统的批判，逐渐形成一种社会思潮，通过媒体扩大了其社会影响力。格伦迪宁发表了“新卢德宣言阐释”，更加系统地表述了技术发展的态度，对机器与人、技术与人等领域进行了分析。[③] 此后，不少对现代技术发展持批判态度的人士开始自称为新卢德派，他们先后对网络技术、信息技术、纳米技术、转基因技术、人工智能技术等进行批判性反思，使得技术恐惧思潮在学术理论的精美包装下再次兴起，产生了较为广泛的社会影响，使更多的人开始深入思考技术到底是“天使”抑或是“魔鬼”这一重要的时代课题，并积极地权

① 渥维克．机器的征途：为什么机器人将统治世界．李碧，傅天英，李素，等译．呼和浩特：内蒙古人民出版社，1998：3.

② 斯诺．两种文化．陈克艰，秦小虎译．上海：上海科学技术出版社，2003：19.

③ Glendinning C. Notes toward a neo-Luddite manifesto. Utne Reader，1990，38：50-53.

衡技术发展的利弊关系。

第四节　技术风险与技术恐惧

18 世纪 60 年代开始，蒸汽机作为动力机在生产领域的广泛应用极大地解放和发展了生产力，使整个人类社会加速发展起来。可以说，由科学技术革命、工业革命、产业革命引发的社会革命如火如荼。此后，人们相信利用各种各样的技术发明手段就可以顺利实现改造自然和控制自然的目标，甚至可以实现迅速变革社会的目标。人们普遍坚信科学技术蕴含着巨大的力量，因而十分尊崇科学技术的社会地位。但事与愿违，科学技术的发展和应用潜藏着诸多风险，在其变革社会的同时也有力地推动了风险社会的迅速形成。

一、风险社会的形成

德国社会学家贝克在其《风险社会》一书中首先系统提出“风险社会”这一概念及其内涵，引起学术界、政界、产业界和社会舆论的广泛关注。贝克在书中指出，人类社会正处在从传统工业社会向现代风险社会转变中，风险社会正在以一种崭新的形式出现。[①] 这本书提醒人们，风险已经成为现代人类社会各方面发展的主要特征，值得每一个人密切关注。但是，“在人类所处的高度复杂风险社会中，占据历史和社会主宰力量的是高科技及其发展带来的不测后果”[②]。也就是说，科学技术的迅猛发展在解放和发展生产力的同时，增加了人类社会的风险构成元素，加大了人工风险产生的可能性。在这种令人不安的科技风险文化背景下，更容易引发人们对现代科学技术发展，特别是技术风险的普遍恐惧感。

---

① 贝克．风险社会．何博闻译．南京：译林出版社，2004：16.

② 贝克，郗卫东．风险社会再思考．马克思主义与现实，2002（04）：46-51.

在现代社会，我们正在经常性且日益清晰地感知和经历现实世界已经出现的诸多风险，比如地震、海啸、火山爆发、森林大火、极端天气、洪涝、泥石流、疫病流行等，又如温室效应、大气污染、水源污染、资源枯竭、能源危机、核泄漏、局部战争、恐怖主义活动等。上述风险的出现都在警示着人类社会：我们生活的自然环境和社会环境正在发生着巨大的改变，我们还将面临许多相互叠加的未知风险。在很多情况下，我们却对这些风险显得无能为力，甚至于束手无策，这只会加重我们对现实风险的恐惧心理。在风险种类越来越多又越来越难以控制的社会背景下，提出风险社会的概念是对人类社会发展现实状况的一种反思、解释和警示。我们需要深入理解现代社会的风险来源、风险种类、风险特征，进而寻找解决风险的有效对策，保障人类社会发展的和谐有序，保障人类生活的安全稳定。在此，我们主要关注风险社会中技术层面的风险内容。

二、技术发展的风险

在现代社会，技术发展集中展示了人类改造世界的巨大力量。从积极意义上讲，现代技术的社会应用有力地促进了生产力发展、经济繁荣、物质文明、社会进步和生态环境改善等，也有力地推动人类社会不断向着真、善、美的总体方向前进。但是，很多事物都是善恶交织的，那些试图表现善的力量，却总是带来恶。[①] 现代技术的蓬勃发展一方面铸就了我们这个时代的文明与辉煌，使得现代人的社会生产、日常生活以及生命存在方式得到极大程度的改善；另一方面，现代技术在其社会应用过程中已经产生和正在产生着人们始料未及的消极影响，它引发的社会风险、社会心理和生态忧患成为人们亟待解决的现实课题。因此，邦格指出，在价值方面，技术并不是中性的，它游移在善和恶之间，具有伦理价值的多元性。[②] 现代技术的社会作用后果具有多重性，加上人们对技术目标的主观选择性

① 默顿 . 十七世纪英格兰的科学、技术与社会 . 范岱年，等译 . 北京：商务印书馆，2000：143.

② 何继江 . 从邦格技术定义的发展看技术哲学 . 自然辩证法研究，2012，28（12）：36-40.

以及具体操作过程中存在的社会失控风险，使得现代技术既可以对社会起到巨大的正面作用，又不可避免地引发诸多的消极影响。

本巴赫尔指出：技术发展过程的一个重要副产品，就是形成了一种不断增长的、与责任相关的意识负担和心理矛盾。不断增长的技术控制便产生了越来越多的“致富困惑”，当技术使我们的生活更舒适并不断增加我们的选择方式和目标时，它同时对我们的现实活动也提出了更高的道德要求。[①] 因此，技术发展和应用并不总是带来遂人所愿的结果，它与冲突和困惑密切相关，也需要人们站在新的道德制高点来理解和应用技术。此外，社会学家佩罗（或译作培罗）指出，高度发达的现代文明可以创造出人类过去没有取得过的巨大成就。但它也会给人类社会带来巨大的风险。[②] 为此，他还出版过具体探讨技术风险和灾难的著作。

长期以来，人们视科学技术为人类社会发展的重要因素和根本动力。今天，许多风险的产生却来自科学技术的发展和应用。这些风险进一步威胁人类的生存和发展，甚至对人类社会的发展起到了阻碍作用。时至今日，科学技术的发展和应用使人们在逐步加工自然，人类的技术足迹渐渐涉及了整个自然界，也使得人工自然在更大范围、更大程度上取代了天然自然。总之，科学技术在解放生产力和发展生产力的同时，也在社会层面带来很多不确定的风险，技术风险已经构成风险社会的重要内容。

在现实意义上，风险社会理论让人们高度关注社会风险、技术风险的同时，也促进人们思考并解决技术发展的异化问题。换句话说，人类过度张扬和释放技术理性，使得技术控制自然、改造社会的能力空前强大；在这个过程中，技术的积极作用和负面影响相伴而生。今天，科技组织、技术人员、科技企业和政府管理部门都会成为技术发展的责任主体，都应该认真对待技术风险和技术异化问题，都应该为技术的社会应用后果担当社会责任。

---

① 本巴赫尔．责任的哲学基础．齐鲁学刊，2005（04）：127−133.

② Perrow C. Accidents in high risk systems.Technology Studies，1994（1）：1−20.

三、技术风险的内涵

随着全球一体化进程的加剧，当今世界变得越来越复杂，风险的种类在不断增加，风险波及的范围也在不断扩大。在过去很长的时间内，人类主要面临着“自然风险”，是指源于自然环境的灾害挑战。随着科学技术的发展，人类将会面临更多的“人造风险”，这与人类的科学技术活动密切相关。人们在分享快速发展的科学技术成果时，也要承担科学技术发展的负面影响和威胁。

科学技术的发展和应用并不全带来利好的消息，也会带来负面结果。比如说，人类的科学技术活动不断引发人们生存环境的恶化，这给人类社会的可持续发展提出了严峻挑战。这种状况是人为破坏的结果，也是技术应用负面价值的充分体现。正如法国技术哲学家埃吕尔所讲，所有的技术进步都会有代价；技术应用引起的问题比其已经解决的问题要多；技术有害的和有益的后果不可分离；所有技术都隐含着不可预见的后果。[①] 无论如何，人们在生存面临严重危机时，全面反思科学技术的价值已经成为迫切的现实问题。此外，由于现代科学技术发展的系统性、复杂性，人们越来越不容易准确预测和掌控科学技术发展的风险。人们在实践中已基本形成如下共识：防范和化解技术风险具有紧迫性、必要性、底线性和前瞻性，这关系到未来人类社会的健全发展。

四、技术风险的特征

与一般的风险相比，技术风险具有以下主要特征。

（一）技术风险具有不可控性

在过去知识匮乏、信息交流不畅的情况下，人们不能充分理解未来世界的真实走向，特别是不能充分理解风险与现实世界的内在关联性。在本质上，技术风险与科学技术的发展和应用带来的消极作用紧密相关。从主

① 吴国盛. 技术哲学经典读本. 上海：上海交通大学出版社，2008：134.

观层面讲，技术风险被认为是人类社会滥用技术、误用技术、不负责任使用技术的结果，是一种典型的“人造风险”。人们似乎有充分的理由担心，当一种技术力量不受控制时，它可能做的就是漫无目的地往前乱冲乱撞、到处惹祸。从客观层面讲，由于技术发展及其后果具有不确定性和难以控制的特点，人们难以准确预测、判断和控制技术风险。正如贝克所言，人们不易预见的技术发展因素就为人类社会带来了未知的情境。[①]与传统风险相比，现代技术风险的不可预测性更为突出，而传统风险可以被人类基于经验而进行一定程度的预测。

贝克进一步指出，对于现代科技所带来的不可预知的风险，人们没有经验可以去参考，因为人们没有经历过，也就不能准确地预测这些风险到底是什么，也无法对技术风险的发展规律进行深入探索，更不用说去寻求解决问题的路径。[②]比如，在工业生产中人们普遍使用氟利昂作为制冷技术手段的媒介。这是因为氟利昂在常温状态下的性质比较稳定，使其应用范围十分广泛，可以用作工业发泡剂、制冷剂以及清洗剂等。氟利昂这种技术产品具有许多实际用途，可以让人类享受到更加便利的物质生活，这也代表社会进步的方向。但是，氟利昂对生态环境的负面影响问题逐渐积累并被人们发现。在紫外线的作用下，氟利昂分解释放出一定数量的氯原子，它们可以与大气中的臭氧发生反应。在这个过程中，臭氧分子会不断被破坏并减少，最终引发臭氧空洞，破坏人类的自然生存环境。这是当前人们质疑并抵制应用氟利昂的主要原因所在。因此，氟利昂从人们所尊崇的“座上客”变成“生态杀手”的历史性转变很值得我们深思。

在辩证认识和理解人与自然的关系问题上，恩格斯指出：我们不要过分陶醉于我们对自然界的胜利。对于每一次这样的胜利，自然界都对我们进行报复。每一次胜利，起初确实取得了我们预期的结果，但是往后和再

① 贝克．世界风险社会．吴英姿，孙淑敏译．南京：南京大学出版社，2004：114.
② 吉登斯，皮尔森．现代性：吉登斯访谈录．尹宏毅译．北京：新华出版社，2000：95.

往后却发生完全不同的、出乎预料的影响，常常把最初的结果又消除了。[①]其中所包含的“自然报复论”思想可以指导我们去前瞻性反思技术风险问题，让我们去全面评价技术价值问题。

（二）技术风险具有随机性

在实践中，技术风险的产生具有一定的随机性，这和技术应用的主客观条件密切相关。在主观层面，人作为重要的技术主体，在特定时期的认识能力具有一定的局限性。此外，人们通过制定不同的技术政策也会对技术发展和应用方向产生重要的影响。在客观层面，技术应用的社会环境复杂多变，这会影响人们对技术进行决策的精准度，因而会产生不同的技术后果。一般说来，人们越深刻地认识技术的发展和应用规律，就越可能消除技术发展中的不确定性风险。

随着科学技术的发展，人类的认识范围会不断扩大。对于科学技术的社会功能，美国科学史家萨顿曾指出：就建设性而论，科学的精神是最强的力量，就破坏性而论，它也是最强的力量。[②]这告诉我们，社会实践中的科学技术在建设性和破坏性两个维度都可能十分强大。人们即使尚不能准确地预测科学技术活动引起的负面效应和风险问题，也不能无视其存在的可能性。

在现实社会，人们往往过分看重科学技术的积极方面，而忽视它的消极影响。对此，技术哲学家拉普指出：由于全部技术过程的基础是对物质世界的改造，所以预期目标与实际结果之间的对立就格外明显……技术并不是哪个个人创造的，同样，远远超出满足物质需要的那些人类学的后果也不是哪一个人引起的。当然人们并不打算也没有料到会破坏环境，耗尽资源和能源，这些后果只是在超过一定限度以后，人们才广泛地察觉到它

① 中共中央马克思恩格斯列宁斯大林著作编译局．马克思恩格斯选集：第三卷．3版．北京：人民出版社，2012：998.

② 萨顿．科学史和新人文主义．陈恒六，刘兵，仲维光译．北京：华夏出版社，1989：45.

们。其他消极后果的情况也是如此。[①] 可见，技术风险在起源和后果上都具有不确定性，是超出人们预料的，更不是人们故意制造的。在过去很长时间，人们缺少有效的方法对技术风险及早提出预警，也无法对其带来的善恶后果进行详细分类。

（三）技术风险具有全球性

现代技术风险对人类生活的各个方面都会产生很大的影响，甚至对人类的生存构成一定的威胁，具有全球性的特点。在此背景下，贝克对风险概念的分析如下：与人类社会早期面临的危险相比而言，人类社会现存的风险是由现代化的威胁力量以及全球化发展带来的后果。[②] 因此，我们要充分理解风险社会产生的全球化时代背景，才可以更清楚地理解风险的内涵。当下，经济和贸易全球化的发展态势使得全人类的物质生活与精神生活密切联系在一起，相互影响、相互依赖的程度逐渐加深，我们必须积极、妥善地构建人类命运共同体。

这种威胁人类现实生活和生存的技术风险也一定会影响人类社会的未来发展。贝克还指出，处在全球化的风险时期，人类社会必须积极正视，特别要意识到这些风险挑战是现代文明带来的，要对其有新的理解和认知。[③] 在世界迅猛发展而又互联互通的今天，假如一个地方出现问题就会在其他地区引起连锁反应，人们把这种现象称作“蝴蝶效应”。我们必须承认，“蝴蝶效应”的产生是以人类社会发展整体化、关联性为现实基础的。例如，核技术活动带来了放射性物质污染以及核泄漏的风险，大规模工业化生产带来了十分严重的环境污染和全球温室效应，这些现象都是人类社会以往历史上不曾发生过的风险类型。但是，上述风险的影响范围广、社会危害大和环境危害深远，必将危及人类后代的生存与发展。众所

---

① 拉普．技术哲学导论．刘武，康荣平，吴明泰译．沈阳：辽宁科学技术出版社，1986：142-143.

② 贝克．风险社会．何博闻译．南京：译林出版社，2004：13.

③ 贝克，威尔姆斯．自由与资本主义：与著名社会学家乌尔里希·贝克对话．路国林译．杭州：浙江人民出版社，2001：24.

周知，切尔诺贝利核电站爆炸，成为迄今全球最为严重的一场核事故。该事故发生之后的检测表明，放射性污染物已经扩散到世界其他地区。因此，当今社会的技术风险现象将变得更加常见，风险等级也在逐步加强。在已经爆发的各种技术性灾难和环境公害事件面前，人类社会及其个体却显得十分脆弱和乏力。

（四）技术风险具有隐蔽性

许多技术风险具有一定的隐蔽性，人们并不容易直接察觉到它的存在。人们对于技术风险的感知往往是被动的、模糊的。在现代社会，风险首先是指完全逃脱人类感知能力的放射性，空气、水和食物中的毒素等污染物，以及相伴随的短期和长期的对植物、动物和人的影响。它们引致系统的、常常是不可逆的伤害，而且这些伤害一般是不可预见的。[①] 因此，科学技术发展的异化现象引起了技术风险，它偏离了人们既定的技术目标，人们难以事先设想它的存在状态和危害性。比如放射性物质的衰变产物会以较为隐蔽的形态存在，但在无形之中危害着人类的健康，会导致人体器官衰竭和组织病变，甚至对人类后代的生命质量都会产生长远的不良影响。

五、技术风险的恐惧影响

技术风险具有的上述特征使得人们对其充满恐惧和不安。这不仅仅是人们合理的逻辑推测，也有已经确凿的事实证明。

（一）人们在技术发展史中的恐惧体验

人类社会发展史就是一部人类与各种灾难不断抗争的历史。人类社会所遇到的灾难，既有洪水、地震、海啸、泥石流、火山爆发、瘟疫等自然灾难；又有战争、杀戮等社会灾难。这些灾难因其致命性、反复性给人类社会带来了极大的恐惧感和痛苦的记忆。而且，上述恐惧的社会生活体验

---

① 贝克．风险社会．何博闻译．南京：译林出版社，2004：20.

已经被人类社会牢固地积累下来，人们形成了对恐惧的高度敏感性。

随着社会的发展，人类所面临的恐惧威胁不仅仅来源于自然和社会两个层面，还有来自科学技术发展的影响。科学技术发展对人类个体、人类社会和自然界产生重要影响时，也带来了令人恐惧的后果，影响了人们对科学技术价值的社会认知。人们既恐惧技术发展对人类社会和生存环境的危害，又恐惧技术发展的失控与风险。具体说来，与技术发展相关的恐惧威胁主要有以下几种情况。

其一，技术应用后果难以预测。人们对技术发展之所以会产生恐惧心理，主要原因是技术在社会层面的应用后果难以确定和预测。事实表明，某一类技术系统越庞大、越复杂，越不容易被人们驾驭，越有失控的可能性。今天，大多数技术系统本身的安全性正在遭到人们的质疑。在技术实践中，受技术系统运行故障、人为操作失误或者其他社会因素的影响，会引发比较严重的技术事故。例如，20 世纪以来，核武器技术扩散带来的战争风险、化工技术应用造成的环境污染、自动化技术所引起的失业、生物技术应用带来的隐私泄露、信息技术和网络技术应用引发的网络犯罪等问题频频出现，不断激起人们对技术发展的忧虑、谴责和抵制，技术恐惧主义思潮再次涌起。有学者指出，科学技术发展本质上是一项涉及未知的事业，人们难以准确预测它的风险和益处。与人们已经熟知的社会风险相比，技术风险引起人们的恐慌心理则更加普遍。[①] 这需要我们对技术风险保持高度的警惕性、敏感性，进而提出防范和化解技术风险的有效对策。

其二，世界范围的技术事故频繁发生。任何一个技术系统有其发展完善的历程，其安全性有一个不断提升的过程。对此，有学者认为，技术处于成熟前期时往往会存在某种缺陷和不足。即使技术成熟后，也可能会出现操作失误或失控问题。如大型复杂技术系统出现意外和故障时就会带来灾难性事件。在 20 世纪就出现了一百多起大型技术灾难，每一次事件都

① 费多益. 风险技术的社会控制. 清华大学学报（哲学社会科学版），2005（03）：82-89.

会引起人们的广泛关注和心理冲击。[①] 20世纪以来，已经发生的与科学技术发展和应用相关的风险事件主要有：泰坦尼克号沉没，兴登堡号飞艇空难，原子弹爆炸，博帕尔毒气泄漏事件，疯牛病，挑战者号航天飞机爆炸，切尔诺贝利核电站泄漏，计算机病毒，克隆羊“多莉”降生，哥伦比亚号航天飞机解体，福岛核电站泄漏等。上述事件通过媒体报道，已经产生了广泛的社会影响，给人们带来了强烈的心理触动，使人们对技术应用的负效应产生了更多的恐惧体验。

其三，科学技术研发过程中存在着未知风险。这个过程可大致分为科学研究和技术开发两个阶段。科学研究是人们对自然界未知领域不断深入探索的创新过程。一般说来，为了客观、深刻地认识研究对象，人们只有通过持续不断的实验活动和理论探讨，才能获得有关研究对象更加全面的信息。因此，人们获得科学知识的过程就是关于研究对象的信息不断积累和完善的过程。在一定的历史阶段，科研人员只能基于自然界不完备的信息去开展下一步的研究工作，就会把不确定性因素引入科学研究过程中。在进行技术开发时，由于技术人员事先不能完全把握自然界各种不确定因素的影响，技术结果就会与技术设计目标产生一定的偏差。换句话说，在技术实践过程中会带来非预期的负面影响。例如，科研人员为消除害虫对农业生产的不良影响，就设计开发一种杀虫效果良好的农药，以此希望增加粮食产量，帮助解决粮食危机问题。可以说，上述技术设计目标是合情合理的，有利于社会生产力的进步。随着农药在农业生产实践中的广泛应用，一开始确实达到了人们的预期效果。但是，人们没有事先想到那些杀虫效果良好的农药由于自身化学性质的稳定性，在农作物和土壤中却有大量的残留，进而污染了粮食、蔬菜，污染了自然环境，破坏了生态平衡，对人体健康也产生了长期的危害。

其四，科学技术在应用过程中存在的风险。现代科学技术的研究与应用紧密联系，它们之间的转化周期在不断缩短，早已经呈现出“科学－技

---

① 陈红兵. 国外技术恐惧研究述评. 自然辩证法通讯，2001（04）：16-21+15.

术－生产”一体化的发展趋势。在实践中，科研人员几乎不可能把实验室里的所有技术细节都弄清楚之后，再去考虑技术应用到生产领域的事情。现实的情况是，科研人员往往把技术应用放到一个重要的地位来考量，并通过技术应用来发现问题、分析问题，再通过实验不断完善相关技术细节来解决问题。这就是说，科研人员很难事先全面预测技术应用过程中涉及的各种细节，也很难准确预测技术应用的各种后果。当一项新技术走出实验室在放大的社会经济领域推广和应用时，难免会出现人们预期不到的风险。因此，人们希望科研人员能够负责任创新，对社会负责，对广大人民群众负责，对人类未来世代负责，对生态环境负责。为此，人们衷心希望科学研究、技术开发及其应用的各个环节能够高效精准、安全无误。

（二）技术异化引发的风险

在现代社会发展中，科学技术积极的社会价值和意义是不需要质疑的。然而，技术发展价值具有多维性，在其应用过程中容易出现价值分裂，会给人类社会带来多种异化和风险因素。因此，技术发展与技术风险的关系已经成为人们关注的时代课题和社会热点，需要人们认真对待技术风险、分析技术风险、调控技术风险和防范技术风险。

技术与社会复杂的互动性关系，使得技术价值的社会实现具有更多的不确定性甚至是偶然性。对此，贝克认为，科学技术越成功就越会反射出其自身在确定性方面存在着局限，它们就更多地成为反思人为不确定性的源泉。[①] 这可以算作是科学技术社会发展的一个悖论。技术在实践层面突出其社会功能时，也强化了其对社会影响不确定的风险维度。在实践中，技术风险发生的时间、地点、方式和概率等都难以准确判断。因此，吉登斯认为，人类将面临一个基于技术发展和经济生活全球化背景的“失控的世界”。上述论断具有一定的悲观色彩，反映出人们对技术发展的无奈、无助和焦虑。值得注意的是，人们在现代社会反复提出和强调风险话语，

---

① 贝克．风险社会政治学．刘宁宁，沈天霄编译．马克思主义与现实，2005（03）：42-46.

使得我们必须意识到风险的存在绝不是什么空穴来风，有其事实依据和技术发展逻辑的可能性。人类社会已经跨进一个风险迭起的时代，而风险社会中的技术成分日益增多。[①] 在利益驱动下，人们极度彰显技术理性，无节制地运用技术，构造出一幅令人忧虑的技术风险图景。技术风险已成为当下理论界和社会舆论关注的热点话题，有必要认真回应和解答。为此，我们必须加强技术风险研究，强化技术风险防范的理念和举措。

20 世纪 60 年代开始，以环境破坏、生态恶化为核心的全球问题引起人们的广泛关注。在《寂静的春天》一书中，卡逊系统分析人们正在用自己制造出的化学农药毒害自然环境这一事实。在作品中，作者十分忧虑化工合成技术发展和无节制应用所带来的生态危机。当时，卡逊的生态风险思想在全球范围产生了十分重要的影响力，她把我们这个时代面临的生态问题突出地摆在了所有人面前。时任美国副总统的戈尔在给这本书写的序言中指出，卡逊为我们找回了现代文明中已经彻底丧失的基本观念——人类与自然环境的相互融合。[②] 具有上述生态忧患思想的学人还有很多，如罗马俱乐部的学者认为，要阻止更大生态灾难的发生就需要在经济领域实现“零增长”。《增长的极限》是罗马俱乐部学者发表的系列报告之一，该报告基于人口增长、工业发展、环境污染、粮食生产和资源消耗五个重要方面，对相关数据进行了定量分析，认为不断的技术进步和工业增长可能会给人类社会带来悲剧。里夫金从热力学第二定律出发，在其《熵：一种新的世界观》一书中认为，技术应用会导致环境熵的增加，技术的消极影响难以避免，这将给世界带来更多的混乱。可以说，上述作品均包含技术悲观主义论调，是人们基于技术恐惧心理而对技术与社会关系的系统化理论反思。

在现代西方社会，传统工业化道路似乎已经走到尽头，出现了难以解

---

① 于建东 . 生物技术推广的德行建构与伦理取向：兼评《生物技术的德性》. 黑河学刊，2018（02）：191-192.

② 卡逊 . 寂静的春天 . 吕瑞兰，李长生译 . 长春：吉林人民出版社，1997：19.

决的经济危机和社会危机。20世纪70年代初，异军突起的新技术又给人们带来了生存和发展的希望，人们希望这些新技术能够成为摆脱经济与社会困境的重要手段和动力。新技术的兴起和广泛应用的确给经济生活、社会生活注入了活力，深刻地改变了传统产业结构，开辟了许多新兴产业部门，不断提升产业发展水平。例如，计算机与信息处理技术的开发和广泛应用，对全球化的形成起到十分重要的助推作用，人类社会开始进入计算机时代、信息时代、网络时代和大数据时代，更加突显了科学技术知识的价值和意义，给人们带来了知识经济的光明前景。在新的技术经济发展形态下，人们的生产方式、生活方式、工作方式、学习方式、认知方式和思维方式都发生了巨大的变化。但是，巨大的变革也容易让人们对其产生各种不适和排斥反应。主要原因在于人们创造和发展的新技术，在一定时期内超出人类的认识、理解和控制的范围。更为重要的是，新技术发展的后果有可能包含大量的技术异化现象，并慢慢地演变成一股破坏性的力量，给人类的生存和发展带来了危机。在这种背景下，人们就会逐渐产生对技术发展和应用的恐惧心理，表现出技术悲观主义的思想和论调，甚至会产生某些极端的技术悲观主义言行。比如有人把技术视为一种不可控制的怪物，对人类社会的未来前景充满悲观失望。但是，我们要辩证地分析上述观点，不宜盲目接受。

总之，在技术的社会发展史上，技术的误用、滥用、军事化应用已经给人类社会带来许多难以逆转的痛苦和灾难。当前，一些犯罪分子利用高技术手段实施计算机犯罪、网络犯罪、电信诈骗等活动，给公民生命财产安全和社会稳定带来很大的威胁，这已经成为国际社会和公共舆论特别关注的社会现实问题。在全面推进科学技术发展的社会背景下，有不少人开始忧虑技术应用的社会失控问题，也畏惧技术发展对人类社会的伤害和对生态环境的威胁。随着我国总体国家安全体系的不断构建和完善，从高层领导到普通公众都特别关注与科学技术广泛应用有关的政治安全、军事安全、国土安全、生态安全、生物安全、核安全、金融安全、网络安全、信息安全和大数据安全等时代课题。

第五节 技术经济与技术恐惧

科学技术的发展和广泛应用对人们的政治生活、经济生活、社会生活和文化生活已经产生了巨大的影响。反之，多种复杂的社会经济因素也会对人们的技术态度产生重要影响，甚至对技术发展产生一定的恐惧态度。

一、技术消费的经济代价

科学技术对人类社会要产生直接影响，就需要物化为一定的工具、手段和装备等技术产品或者提供相关的技术服务。无论是技术产品或技术服务，都会随着技术发展而更新换代。科学技术在给人们提供更多更好产品和服务时，也需要技术消费者付出相应的经济代价，就会给消费者带来一定的经济压力，进而产生一定的心理压力。例如，生命健康与医疗卫生是现代社会人们普遍关心的与自身利益密切相关的现实问题。但是，医疗技术手段与服务的不断升级改进会导致医疗成本大幅上升，对于经济低收入人群、医疗保障不充分人群，他们就会在无奈和无助中引发医药技术恐惧心理。

有专家分析认为，现代生物医学发展带来的新药、新的医疗设备、新的治疗方法是人类维持良好健康水平、提高生命质量的有力保障。现代生物医学既可以治愈之前无法治疗的疑难疾病，不断提高治疗效果，也会在更大程度上减少病人的生理和心理痛苦。但是，新的医学诊断、检测等技术手段在医疗实践中的不断引入，却成为医疗费用上涨的主要因素。如美国医疗费用约一半的增长是由于引入了新医疗技术。① 又如，日本曾对导致医疗卫生支出不断攀升的四个因素的影响力进行分析，结果如下：医疗

① Reddy A. 新技术拉升医疗费用 . 张文燕编译 . 中国医院院长，2011（09）：89.

技术进步（40%）、经济财富增加（26%）、人口老龄化（18%）和民众患病结构（16%）。可见，技术进步对公众医疗卫生支出增长的影响因素居于首位。在现实生活中，与使用医疗技术和手段高度相关的“医疗通胀”和“过度医疗”现象已经超出许多社会公众的心理阈值和经济支付能力，让一些人看不起病，进而引发出其他一系列社会问题。有人认为，昂贵的医疗技术变革甚至会导致整个公共基础健康保护系统的瘫痪，让不少病人束手无策。因此，一些新卢德主义者就此社会现象指出，不断更新的技术会增加人们的经济负担，使人们的生活陷于困境之中，这成为他们反对技术进步的又一个重要现实理由。

二、产业升级与技术性失业

在整个科学技术发展史上，技术总是处于不断进步的状态中。在特定的社会历史时期，先进的生产技术、手段和工具总会逐步淘汰落后的生产技术、手段和工具。在英国产业革命的早期，在棉纺织行业中逐渐采用机器进行生产，这造成一大批纺织工人失业，严重影响了他们的生活状态。于是，一部分工人就在英国诺丁汉等地捣毁纺织机，以破坏机器的方式来反对工厂主剥削和压迫，反对机器在生产领域的应用取代了手工劳动。人们在对抗机器大工业的过程中产生的卢德运动，逐渐形成了以反对机械化、自动化为主题的社会运动。在经济社会的发展历史上，卢德运动具有十分深远的社会影响。但是，这场运动并没有对人类社会的工业革命进程起到太大的阻碍作用。

时至今日，我们仍然需要回答卢德运动所提出的问题：工人在生产系统中的地位是否必然被机器取代？技术的应用是否必然导致技术性失业？人类如何避免机器的伤害和威胁？等等。无论如何，卢德运动反抗“机器伤害人”的思想传统具有重要的现实意义。卢德运动的内涵逐渐由狭义的“破坏机器”演变为广义的“反对机械化”“反对自动化”“反对技术非人化”等。

特别是先进智能机器技术对个体加工业和制造业的广泛渗透，将促进劳动密集型产业转向技术和资金密集型产业，会带来较多的“技术性失业”问题。随着计算机技术、自动化技术、纳米技术和生物技术等新兴技术的发展，在社会层面产生了激烈的争议，其中就包括上述技术的应用对传统就业岗位的影响和冲击。其代表人物认为，现代技术对于个人、社会群体和环境都有负面影响，技术发展必然会给未来社会与人类带来潜在的威胁。今天，在人工智能研究与开发方兴未艾的时代，对技术性失业问题进行分析与思考，意义深远，现实意义更为突出。

三、技术变革与生活变迁

从 18 世纪工业革命开始，西方技术恐惧文化从萌芽到逐步形成，围绕机器恐惧、核技术恐惧、信息技术恐惧和生物技术恐惧渐次展开。机器恐惧的主题是普通工人的失业和生存权益；核技术恐惧的主题指向人类毁灭与全球安全；信息技术恐惧的主题是社会成员的学习压力和操作障碍；生物技术恐惧的主题则更多体现为对人类生命价值和生命尊严丧失的深切忧患。[①] 上述技术恐惧心理变化背后的原因和主线就是技术的巨大变革。在人类社会，每一次技术变革预示着一个新时代的到来，意味着会产生新的生产方式、生活方式和新的人际关系组合，意味着人类命运的重新安置。人们在技术变革中享受到高度发达的物质文明，也深刻地感受到生存性焦虑、压力和对人生前途的彷徨。

在 20 世纪，新的技术革命把人类社会推向了一个新的发展阶段。但是，人们由于遭受严重的技术发展型社会风险，在内心深处对未来社会的发展前景充满悲观和恐惧。我们可以预见，新技术的发展和广泛应用，将会在社会层面引发更多的技术恐惧现象，进而形成一种技术恐惧文化。因此，在整个依赖技术进步的人类社会现代化进程中，将会始终伴随着技术恐惧文化的生成和发展。换句话说，技术恐惧文化将随着经济社会生活的

① 刘科．技术恐惧文化形成的中西方差异探析．自然辩证法研究，2011，27（01）：23-28.

技术化、全球化、市场化、信息化和网络化而成为世界性问题。

总体上讲，技术恐惧是一类成因较为复杂的社会心理，是人们对技术发展后果或前景产生的悲观和失望心理。对技术产生恐惧的人群更多地看到了技术的消极作用，看到了技术对人类生存状况产生了较为严重的威胁，甚至破坏了人性和世界图景的完整性。更有甚者，有些人试图排斥技术，希望回到原始的非技术化生活状态，或希望回归朴素的手工艺技术状态，用简单的技术工具来满足人们基本的生活需求。然而，这种与人类社会文明进步方向、与技术发展方向相悖的设想又如何可能实现呢？于是，技术恐惧者寄希望于人类的价值理性，希望利用这种价值理性来引导、控制技术的发展方向，实现对技术兴利除弊的价值目标。

第六节　技术批判与技术恐惧

在科学技术的发展史上，人们对技术的批判声音从来没有缺席过，甚至偶尔还出现震耳欲聋的声音。人们在技术批判过程中深刻反思技术异化、负面影响，推动了技术恐惧心理的产生。反过来，人们在技术恐惧心理的引导下，提升了对技术的批判程度和范围。因此，技术恐惧的存在对人类社会而言未必是一件坏事，它至少说明技术发展引发的消极问题进入人们的视野，需要人们去积极正视和解决，人们也衷心地希望技术发展得更好。可以说，技术恐惧反过来会使人们产生消除技术弊端、进而完善技术和掌控技术的强大需求。在学理上，技术恐惧心理与技术批判思想的形成有着极为密切的关系，它们甚至能起到相互影响和相互促进的作用。

一、技术批判思想产生的必然性

技术革新对人类的社会生活既有促进，也有破坏。人们在一定的历史阶段也会失去对技术的控制，随后引发更多的社会问题，也促使人们对这些问题进行批判性反思。一百多年来，人们已经从不同角度对技术进行批判性反思。技术批判思想源于人们基于技术负面影响或消极作用的深层次反思，它的产生具有历史的必然性。

（一）对技术进行批判性哲学思考的必要性

技术日益社会化与社会日益技术化的社会现实反映出技术发展的极端重要性，这要求人们从哲学层面深入思考技术的价值问题。陈昌曙教授认为：哲学之所以能对其他领域、其他学科有影响，是因为哲学有着从总体性、根本性和普遍性上来思考问题的特点，或哲学乃是穷根究底思考的结晶和表现。[①] 但是，在哲学思想发展史上，人们对技术发展问题的普遍关注和思考还比较少，在时间上也比较晚。人们通常认为，德国学者卡普的《技术哲学纲要》一书，可作为技术哲学学科形成的重要标志，其本人也成为这门学科产生的重要奠基人之一。在这本书中，卡普用新的观点考察文化的产生史，特别是他提出了“器官投射”（organ projection）理论。从人类社会发展的具体形态、具体内容和具体方式上看，它日益呈现技术化的发展趋势。特别是20世纪以来，一路高歌猛进的科学技术在很大程度上改变了人类社会、自然环境的面貌，让更多的人更加主动地去关注技术的发展。进一步说，技术发展和应用引起社会物质生产方式、产业构成的变化，进而引起社会结构的变革和调整，引起人们思维方式、精神世界和价值观念的巨大改变，也在很大程度上改变了人们的生活内容和生活方式，改变了人们的行为方式和交往方式等。人们甚至可以得出如下结论：现代意义的技术发展已经参与并深度构建了人类发展史、社会发展史和自然发展史的内容和进程。总之，技术烙印已经处处标记在人类自身、人类社会与自然界中。

当下，技术活动的日常性和技术产品的多样性与人们的生活密不可分，对人们的思想意识和价值判断将会产生十分深刻的影响。比如，与技

① 陈昌曙. 技术哲学引论. 北京：科学出版社，1999：2.

术发展和应用相伴而生的技术工具理性，曾经在社会广泛流行并被广泛接受。人们对技术工具理性深信不疑，近乎达到迷恋和贪婪的程度。然而，人类社会的价值理性却一再落寞甚至被遗忘。[①]这就是说，技术越向前发展，技术的应用后果对人类社会的影响就会越大，越能显示出技术工具理性的效用。然而，技术的社会影响混合了正面影响和负面影响，这要求人们对技术发展及其价值进行辩证思考。因此，对技术发展的负面影响进行技术批判具有逻辑合理性，这也是发展技术正义、实现社会技术正义的必然要求。

（二）日益呈现的技术异化现象推进了技术批判的进程

随着新兴技术向纵深发展，在技术应用的多样化后果中，出现了背离技术发展目标的情况，即所谓的技术异化问题不断涌现、不断沉淀，逐步积累成能为人们所察觉、所感知的技术风险和灾难，让众多的人群遭受其害。甚至有人认为，科学技术在当今社会是一种生产力，也是一种可怕的“破坏力”，技术的破坏性能力与其建设性能力几乎同步存在。对此，法国技术哲学家斯蒂格勒认为，技术既是人类自身发展的力量，也是人类自我毁灭的力量。[②]技术风险现象的不断出现令人深思，也让人们不得不承认技术价值裂变的社会现实。进一步说来，在生态环境遭受严重破坏、人性本质受到技术侵袭的事实面前，人们不得不接受复杂多样的技术发展现实：技术既不是工具理性逻辑中的“无所不能”，也不是价值理性愿景中的“至善至美”。

在科学技术发展和应用的社会历史中，人们对技术进行批判的声音一直就不绝于耳。陈昌曙教授指出：对技术持批判态度的一个出发点和结论，是认为技术还有其消极方面或有其两重性，西方一些学者把这种两重性称为“技术悖论”，指明技术产生的后果与技术要实现的目的相背离或

① 刘科．陈昌曙的技术批判思想评析．河南师范大学学报（哲学社会科学版），2013，40（06）：18-21.

② 斯蒂格勒．技术与时间1：爱比米修斯的过失．裴程译．南京：译林出版社，2012：100.

不一致。[①] 因此，技术批判思想的产生和发展一定要有其事实依据，不能小题大做，也不能无病呻吟。可以说，技术批判思想包含了针对技术发展导致的某种不均衡、不充分的消极社会现象、自然现象的理性思考。早在19世纪，马克思既肯定了科学技术的积极社会价值，也注意到科学技术发展引发的异化现象。马克思深刻地指出：在我们这个时代，每一种事物好像包含有自己的反面。我们看到，机器具有减少人类劳动和使劳动更有成效的神奇力量，然而却引起了饥饿和过度的疲劳。财富的新源泉，由于某种奇怪的不可思议的魔力而变成贫困的源泉。技术的胜利，似乎是以道德的败坏为代价换来的。随着人类愈益控制自然，个人却似乎愈益成为别人的奴隶或自身的卑劣行为的奴隶。甚至科学的纯洁光辉仿佛也只能在愚昧无知的黑暗背景上闪耀。我们的一切发明和进步，似乎结果是使物质力量具有智慧的生命，而人的生命则化为愚钝的物质力量。[②] 上述话语十分深刻地揭示出资本主义社会中技术异化的社会表现和由此产生的深远后果。

在人类社会实践中，科学技术的发展与其次生效应问题相伴而生。20世纪特别是第二次世界大战以来，有更多的人对科学技术发展持悲观和否定的态度。在这些人群中，除了普通的社会公众，还有爱因斯坦和居里夫妇这样的著名科学家，也有一些思想家，如法兰克福学派的学者和存在主义哲学家等。对此，陈昌曙教授指出，20世纪以来的技术进步更为迅速，与之有关的社会问题比以往时代更为复杂。[③] 在整个20世纪，科学技术的发展和应用产生了许多令人困惑和难以抉择的时代问题，给有健全心智的人们系统反思技术发展的价值提供了许多丰富的新鲜材料，可以让人们更加充分地思考技术与社会的复杂关系。陈昌曙教授基于全球问题不断涌现的事实进行分析，认为现代技术以其巨大威力对人类生活的各个方面产生

① 陈昌曙 . 技术哲学引论 . 北京：科学出版社，1999：238.

② 中共中央马克思恩格斯列宁斯大林著作编译局 . 马克思恩格斯选集：第一卷 .3 版 . 北京：人民出版社，2012：776.

③ 陈昌曙 . 技术对哲学发展的影响 . 自然辩证法研究，1986（06）：1–8.

深刻的影响，它造成了社会经济和文化的进步，技术应用又带来了资源短缺、生态失调等全球问题。因此，哲学家不能漠然看待技术，必须深入开展技术哲学研究。[①] 因此，从之前忽视技术发展引起的社会问题和哲学问题，到现在有越来越多的学者关注技术的社会影响、社会价值，技术哲学的研究现状发生了根本性的改变。有学者指出，技术尽管不能被视为问题的来源，却反映着其他问题。如果人们要沉思人类社会的前途与未来，就需要认真对技术进行系统的哲学思考。[②] 随着技术的深度发展和它对人类社会的不断挑战，技术哲学有希望成为“一个有着伟大未来的学科”，会引起越来越多的学者去关注并研究其中的问题。应时代之需，来回答时代之问，具有批判性、反思性和建设性的技术哲学有望成为一门显学，但其发展过程将是漫长而艰巨的。

二、现有技术批判思想的特点

众多学者对技术负面社会问题、生态问题的高度关注，使得现代技术批判思想成为一种有较大影响的理论建构和学术思潮。

（一）技术批判思想是对技术价值多元性的理论反思

在技术实践中，技术价值多元性的特点和技术异化现象是技术批判思想产生的事实基础。通常说来，技术价值多元性主要与技术的善恶价值讨论相关。对此问题，陈昌曙教授指出，我们既要讲“善”的技术，讲技术本身就有的积极方面以及技术应用的有益后果；也要讲“恶”的技术，要批判技术本身具有的消极后果，批判人们对技术没有约束、没有节制和不合理应用所带来的有害后果。[③] 在其论著中，陈昌曙教授结合技术发展和应用的现实情况，对技术两重性问题的多方面表现进行分析概括。例如，人类既会利用技术改造和变革自然，又会利用技术破坏人类赖以生存的环

---

① 陈昌曙 . 陈昌曙技术哲学文集 . 沈阳：东北大学出版社，2002：83.

② 高亮华 .“技术转向”与技术哲学 . 哲学研究，2001（01）：24-26+80.

③ 陈昌曙 . 技术哲学引论 . 北京：科学出版社，1999：240.

境，遭到自然界的报复，威胁人类后代的延续；现代技术开辟了新材料、新能源领域，技术的多样化和无节制发展导致资源过度消耗；技术进步提升了劳动效率，增加了物质财富，但又扩大了贫富差距……可以说，人们对技术的批判性反思正是基于技术发展的“恶果”。面对技术发展的“恶果”，甚至有人要叫停技术的发展步伐。

（二）技术批判思想包含了技术悲观主义情感

正因为人们对某些技术的发展前景表示悲观和忧虑，才会对技术发展现实进行批判。学者赵建军认为：作为一种人类的心理倾向，技术悲观主义是根植于人的潜意识深层的一种忧患意识；作为一种理性存在，它是一种否定性的思维方式；作为一种方法，它是技术理性批判的一种表现形式；作为一种社会思潮，它是技术两重性内在矛盾的外部表现。[①] 在实践中，人们往往对技术的未来发展缺乏信心，而且对技术的现实发展表示忧虑。但是，人们并非随意地就对技术的发展产生悲观态度，首先是因为技术在发展过程中带来了令人不安的问题。人们在对技术的批判与思考过程中充满着对技术发展的悲观，在对技术发展前景的悲观中又包含着对技术的批判性反思。因此，技术悲观主义与技术批判主义有着很强的逻辑关联性，它们都对技术发展的消极作用和负面影响表达了鲜明的态度。

（三）技术批判思想的多维性

学者们已经从多个视角对技术的社会影响进行批判性反思，形成了许多有价值的研究成果。基于已有的文献进行分析，体现技术批判思想的研究成果比较集中和突出的两个视角就是社会学视角、生态学视角。

对技术批判的社会学视角。实践表明，人类社会不存在脱离社会实际的任何纯粹的技术，技术总是与人类社会产生复杂和密切的关系。在一定的社会环境中，技术发展的目标要对应一定的社会需求，研制出的技术成

---

① 赵建军. 技术“走向”悲观的文化审视. 自然辩证法通讯，2002（01）：2-8+37.

果也要在一定的社会系统内进行转化和扩散。因此，单纯的技术本身还不是完整意义上的技术，它需要在社会环境中实现其完整的价值，技术和其社会应用密不可分。人们对技术的批判和对技术问题产生的社会环境、社会文化的批判总是关联在一起。例如，庄子就通过“圃者拒机”的寓言故事来说明技术和机械发明起源于人们省力甚至是“取巧”的主观愿望。在生活实践中，机械技术的推广和使用会促进人们形成投机取巧的心理，也会带来“人为物役”的内在压力。法国思想家卢梭认为，造成人类社会不平等的原因就是农业技术、冶金技术的发明使用。19 世纪以来，包括马克思、恩格斯在内的许多思想家也把对技术的批判与对社会制度的批判联系起来，这当然有其内在的逻辑合理性。

对技术批判的生态学视角。当下，生态问题已经受到全球社会的高度关注。在开发和应用技术的实践中，误用和滥用技术的情形出现，会造成一定的生态危机和环境公害，引起人们对技术发展后果的警惕。因此，人们对技术进行生态视角的批判就显得十分必要。①这种技术批判折射出的生态问题很容易引起社会公众的思想共鸣和积极响应。通过对经典文献的系统分析，陈昌曙教授认为，马克思主义开创了从生态视角看待人类改造自然的历史，特别是恩格斯深刻地批评了技术的无节制应用，在生态的技术批判方面具有一定的开创性。②

20 世纪 60 年代以来世界工业经济的高速增长，带来了与技术滥用相关的严重生态公害问题。人们对技术的生态学批判汇合成一股强大的思想潮流，出版了一系列具有广泛世界影响的作品和研究报告，比如《寂静的春天》《增长的极限》《人类环境宣言》等。因此，面对日益严峻的生态问题，为探寻有效解决问题的途径，人们加快、加深了对技术价值的批判性反思。技术在向前不断发展的进程中，进一步暴露了它的异化维度。随着

① 刘科 . 陈昌曙的技术批判思想评析 . 河南师范大学学报（哲学社会科学版），2013，40（06）：18-21.

② 陈昌曙 . 技术哲学引论 . 北京：科学出版社，1999：252.

人们对技术批判问题研究的逐步深入，批判视角也在不断增加。陈昌曙教授认为，除了上述社会学、生态学的技术批判，还会有政治视角、宗教视角或艺术视角的技术批判。[①]根据现有的文献来看，学者们对技术的批判性反思已经有了更多的视角，如道德视角、经济视角、文化视角、女性主义视角、现象学视角和心理学视角等。

三、技术批判思想包含的内在合理性

人类社会的发展与进步要以技术作为根本基础和重要支撑，人类的生存比之前更加依赖技术的发展。尽管如此，我们不能简单地崇尚技术，不能无视技术的消极作用和负面影响。当前，我们在一定程度上批判技术，是为了让技术更好地发展和应用，是为了让技术更好地彰显其价值理性，是为了让技术更少地遭遇社会抵制。

（一）有助于全面评价技术的价值和社会功能

面对 20 世纪科学技术日新月异的发展态势，哲学家约纳斯指出：现代人更多地考虑技术上能否做到，而对技术说“不”的能力和智慧已经荡然无存了。技术不仅改造了人类所生存的整体自然，更为重要的是技术重新界定了人的性质。人不再被视为智慧的人，人的本质就是劳动的人，或者说技术的人。[②]可见，技术发展对人的本质产生了很大的冲击，这是我们回避不了的事实。在已有的技术批判思想中，包含了对技术发展的有益忠告和积极建议。这样做并不是对技术发展进行简单的消解和否定，也不是为了颠覆技术的发展。可以说，对技术的解析、解构是为了更好地组合与建构，这种建构要为技术的发展嵌入人文价值元素。

从技术的社会发展史来看，人们的技术态度总是在不断发生变化。19 世纪，许多人对技术发展的态度是肯定和赞许。20 世纪以来，有不少人

① 陈昌曙 . 技术哲学引论 . 北京：科学出版社，1999：240.

② 刘科 . 汉斯 · 约纳斯的技术恐惧观及其现代启示 . 河南师范大学学报（哲学社会科学版），2011，38（02）：35-39.

包括一些人文主义思想家则开始较为强烈地批判技术的发展和应用。对于已经形成的技术批判思想，陈昌曙教授认为应该积极挖掘其内在价值和合理性。他认为：我们历来不认同技术悲观主义，也几乎不讲技术批判主义有多少可取之处。然而，技术批判主义、技术悲观主义是不该被淡化、一笔带过或轻易排除的。技术批判主义毕竟是严肃学者们认真思考得到的学术观点，应当作为一个学派被接纳和研究。技术悲观主义思想确有合理的内核和有益的忠告，绝非只是危言耸听或无稽之谈。[①]事实上，陈昌曙教授的这番话具有一定的前瞻性，他其实在提醒我们在研究和分析技术批判思想时一定要把握好度。当前，由于我国总体生产力发展水平和科技发展水平仍需大力提升，我们迫切需要通过积极发展科学技术解放生产力和发展生产力。因此，在我国已经形成比较推崇科学技术价值的社会心理氛围。如果不充分考虑世情、国情和社情，去盲目地、过度地谈论技术批判思想就可能会招致批评。反之，如果对科学技术的价值过度迷信和盲目拔高，也会造成人们忽视技术发展和应用过程的可能风险，进而不能对技术风险及时产生预警，更不用说采取什么防范措施了。因此，我们要有理、有利、有度地开展技术批判思想研究，要用发展、辩证和全面的观点来评价技术及其社会功能。

（二）有助于在一定程度上减弱技术异化

无论是人或事物在发展过程中都需要听到一定的批判声音，这有助于人或事物发展的健全性。同理，对技术发展和应用进行适度批判是为了更好地发展技术，并不在于否定和排斥技术。我们要从技术批判思想中去汲取有益的观点，积极地正视问题、分析问题和解决问题。特别是通过减弱技术异化现象，不断地完善技术，实现技术与社会、技术与人、技术与自然的协调发展。可以说，正是有许多学者从生态主义视角对技术进行有益的批判，才引起人们广泛关注环境问题，进一步提出了许多科学的生态保

---

① 陈昌曙 . 技术哲学引论 . 北京：科学出版社，1999：238.

护理念和有效治理举措。因此，历史上的技术批判思想都有其产生的现实依据，也会有针对技术异化现象的原因分析，进而结合实际提出相应的对策思考。总之，我们有必要正确对待技术批判思想，承认其内在的合理性，要从中汲取针对技术发展的有益忠告。通过反思技术、解析技术，最终完善技术的应用目标。

四、生物技术恐惧与技术批判

20世纪以来，科学技术给人类社会带来了诸多问题与隐患。有不少学者和组织已经对科学技术发展人文价值的缺失现象、后果及其成因进行了系统研究，如存在主义、法兰克福学派、罗马俱乐部、环境保护主义、后现代主义等学者不断发声。在此技术批判背景下，生物技术的社会发展和应用也纳入人文主义学者批判和反思的范围。

由于现代生物技术具有的特点，其开发和应用更为直接地涉及人类本身。因此，人们理性地对待生物技术的发展，使其得到有效、合理的应用，是一项全社会都需要关注的课题。探讨并减弱生物技术恐惧有助于增强人们的生物技术安全感和获得感。但是，现代生物技术发展的社会环境已经发生了很大的变化。在日益复杂的市场经济环境中，生物技术研究与发展的投资主体和成果应用主体已经呈现出多元化。如果仅仅把生物技术当成谋利的手段，人们就会倾向于急功近利而丧失对生物技术发展的耐心。如此一来，就有可能导致生物技术的畸形发展，甚至在生物技术发展不成熟的情况下，无视生物技术存在的风险，对其不加限制地滥用和误用。上述状况令人忧虑，也令人深思。因此，我们要积极研判现代生物技术的发展现状、特点和趋势，做好生物技术应用后果的预测和评估工作。我们要倾听不同的声音，特别是对生物技术发展进行批判的声音。随着生物技术的深入发展，人们针对生物技术可能存在的负面影响而产生的恐惧心理会逐渐增强。作为一种现实的技术心理现象，生物技术恐惧反映了人们生物技术态度的复杂性。但是，人们的生物技术恐惧心理内含一定的生物技术批判思想，具有针对生物技术发展的规约和纠偏意义，这种意义是积极的、正向的。

人类社会正是在面对各种风险和挑战中不断获得进步。如果没有“有毒蔬菜”“三鹿奶粉”等食品安全事件引发的社会恐慌、社会舆情，有关部门很难高度重视食品工业、食品质量的监管和整治；如果没有经历防控SARS疫情、新冠疫情，全社会就不会急切地全面落实各项疫情防控举措，就不会很快健全公共卫生应急管理机制等。

在生活实践中，人类个体应当心存敬畏，应该知道自身能力和行为的边界，知道技术发展的边界以及自然环境的边界，因为人和技术都不是万能的。不管人类拥有多么强大的技术能力，都不能凌驾于自然之上，技术也不能代替人获得主体地位。但是，可怕的不是对技术的恐惧，而是人们身处危险境地而不自知。如果人的思维完全被工具理性控制，认为一切问题都能依靠技术来解决，就会盲目地追随技术的发展。那么，即使受到了技术的伤害，也不会把问题归结为技术。如果设想未来的技术获得完全的自主性，人类仅仅成为技术体系的一环，这才是社会发展的悲剧。技术恐惧甚至是技术恐慌的出现，至少能够提醒人们去防范技术风险问题。可以说，应对技术恐惧本身就是人们防范技术风险的重要动力。因此，人们的生物技术恐惧心理要求对生物技术发展进行一种社会批判，人们在生物技术批判过程中也会深化对生物技术价值的认识。

第二章
生物技术恐惧的生成背景

生物技术恐惧是与生物技术发展正向心理认同相悖的现象。在分析生物技术恐惧时，首先要充分肯定生物技术发展的正面价值，它已经给人类社会带来巨大的利益，即将给人类社会带来更加美好的未来。我们要结合具体案例来梳理生物技术恐惧心理在复杂的社会环境中产生的过程，考察其历史与现代特征，剖析其产生的科学背景、文化根源和经济根源。我们还要从生物技术的发展目标、作用对象和社会后果等方面辩证地分析生物技术恐惧的虚实轻重。

第一节 生物技术恐惧的一般概述

在当今媒体发达的时代，人们不断收到有关克隆人恐惧、转基因食品恐惧、基因治疗恐惧、基因武器恐惧、人兽嵌合体恐惧等方面的信息。这些信息印证了生物技术恐惧的社会存在，反映了当今生物技术恐惧文化的普遍性。我们要客观认识生物技术恐惧现象，努力实现生物技术与社会的协调发展。

一、对生物技术恐惧概念的理解

20 世纪 70 年代以来，“转基因产品”“克隆人”“人兽嵌合体”等生命科学话题引起人们的广泛关注，通过媒体带来不同的社会争议和利益诉求。在人们激烈的争论背后，反映了人们对现代生物技术发展不确定前景的恐惧，实质是对生物技术风险的恐惧。为此，我们要积极探索生物技术恐惧的产生和内涵。

（一）生物技术恐惧的产生

20 世纪中期以来，分子生物学、分子遗传学和细胞生物学的发展，使人们能够更加清晰地理解生命个体的结构和功能。在此基础上，人们可以在细胞水平和分子水平上对生命体进行技术操纵和改造，进而实现预期的技术目标。现代生物技术的一个最大特点在于人们可以在分子水平、细胞水平上定向利用和精准操纵生命体的遗传过程。包括目的基因的获取技术、重组 DNA 构建技术、重组体整合到受体细胞的导入技术、克隆子的筛选和培育技术等现代生物技术的发展及其应用，已经对传统生物技术进行重大变革。时至今日，在农业种植、新药研制、医疗实践等领域，基因操作技术在更大范围得到推广应用。动物体细胞克隆技术也取得重大突破，人类基因组图谱基本绘制完毕，人们甚至可以更加便捷、精准地进行基因编辑。在生物技术领域取得的这些标志性成果，给人类社会带来美好的前景和希望。然而，人们在惊喜过后却产生了一丝隐忧与不安。

随着生物技术的发展和广泛应用，生物技术恐惧概念逐步进入人们关注的视野。但是，在英文文献中，尚未发现生物技术恐惧的专门术语，常见的只是 fear of biotechnology 这样的词语组合。与一般意义上的技术恐惧相比，生物技术恐惧所指的技术类别更为明确、更为具体，它是对生命科学发展特别是 20 世纪中期以来生物技术革命引发的负面社会后果、伦理后果和生态后果等问题的反思产物。人们担心生物技术的发展和应用会引发以下具体问题：人体健康风险、食品安全风险、生态危机、个体隐私和尊严受到侵犯、社会伦理秩序混乱等。在多重生物技术忧虑背后，人们希望生物技术能够健全发展和合理应用。由于生物技术恐惧与生物技术发展密切相关，人们已经在理论探索和社会舆论层面对生物技术的发展进行批判性反思。在已有的研究和社会舆论中，生物技术恐惧的内涵并没有清晰的界定，人们只是从感性层面对其进行有限把握。从当前的文献看，大多数人是将生物技术恐惧概念当作是从属于技术恐惧的子概念，认为它就是人们对现代生物技术发展社会后果的恐惧。

（二）生物技术恐惧概念简析

由于生物技术发展的过程性，人们对生物技术价值的理解以及生物技术恐惧的产生也会有一个过程。因此，生物技术恐惧概念既不会从来如此，也不会一成不变。一般说来，生物技术恐惧概念必定要随着生物技术的发展及其社会应用而不断演进。早在原始社会，人类就开始有意识地种植作物、驯养动物，农业生产实践活动至少已经存续万年。在农业生产实践中以经验形态为主的生物技术可称得上是人类最古老的技术门类之一。在生物技术发展的初级阶段，基本上以农业种植和养殖技术为主，人们对这些技术手段和方法并没有产生什么恐惧感。这就是说，人们的生物技术恐惧感不是天然地与生物技术相伴而生。大致从 19 世纪末特别是 20 世纪中后期开始，人们对生物技术逐渐产生较为明显的恐惧心理。恐惧的技术类别主要是克隆技术、转基因技术、基因编辑技术等现代生物技术分支。

生物技术只有通过社会环境、社会文化中介的交互作用才能影响人们的社会心理。因此，我们要紧密结合特定的社会背景、文化背景来谈论生物技术恐惧。可以尝试对生物技术恐惧的内涵进行以下理解：基于现代生物技术发展和应用的负面影响，人们对此类技术产生了忧虑和否定的心理反应，逐步蔓延成为一种较为普遍的消极社会心理现象。生物技术恐惧具体表现为：人们对某些特定的生物技术及其产品和服务产生消极心理反应，在认知上产生焦虑和悲观，在情感上产生敏感和疑虑，在行动上产生抵制和回避。更为严重的是，人们甚至对大部分的生物技术操作及其社会影响都会产生消极的技术心理。在实践中，生物技术恐惧是人们生物技术态度形成的重要心理基础。

二、生物技术恐惧的特征

生物技术恐惧具有一定的持久性和扩散性，能够影响人们的技术行为、技术消费，并逐步在社会层面累积成生物技术恐惧文化，通过社会舆论对生物技术的发展产生深远的影响。具体说来，生物技术恐惧主要有以下特征。

（一）生物技术恐惧的确定性

生物技术恐惧的确定性是指生物技术恐惧在恐惧对象、人群和时间等方面具有一定的明确性。这种确定性让我们结合具体的生物技术社会语境才能对生物技术恐惧进行深入分析和有针对性的研究。

首先，基于不同的生物技术体验、文化传统、教育背景和价值观念等，不同的社会人群对生物技术的发展产生各不相同的社会认知和价值判断，因而人们的生物技术恐惧感在程度上是不同的。

其次，生物技术恐惧的对象具有明确的指向性。在现实技术世界，技术都是“感性的实物”和“具体的事实”。因此，抽象的技术概念一般不会引起人们的恐惧心理。正是那些具体的技术及其产品才会对人们的现实生活产生重要影响。可以说，与人们生活越密切相关的技术类别，越容易让人们对其产生恐惧心理。现代生物技术包含许多具体的技术类别，同为克隆技术，为什么人们对“克隆动物”和“克隆人”的态度会有很大的不同？就是因为生物技术不同的技术目标与公众生活实际的远近不同。为什么人们特别关注转基因技术与体细胞克隆技术的发展呢？主要是因为这些技术发展目标与人们的生存状态、生活方式和价值观念有着密切的关系。

最后，人们的生物技术观念会随时代发展而变迁。一般说来，在日益技术化的社会中，技术发展都会在人们的思想意识中打下烙印。因此，生物技术恐惧的内涵会随时代的发展而发生一定的变化。生物技术的发展具有悠久的历史，人们在生物技术发展的早期并不曾对其产生过恐惧心理。20世纪中后期以来，媒体不断发表有关克隆人、基因治疗和转基因食品等方面的信息。这些信息涉及生物技术应用的伦理、法律和社会心理等方面的忧虑和困惑，促使人们广泛关注并全面反思生物技术的社会价值问题。

（二）生物技术恐惧的虚拟性

20世纪末，“克隆人”话题首先经由媒体报道，就不仅仅是一个科学话题，而成为社会话题、伦理话题和法律话题。时至今日，所谓的“克隆人”仍处在概念层面，对人的克隆试验并未真正完成，更没有出现“克隆人”的成功案例。在大多数情况下，生物技术恐惧源于人们对此技术发展碎片化负面信息的联想和推测。人们从生物技术的迅猛发展中感受到某种威胁时，人们便自发产生出一种逃避的愿望和心理。因此，与其他类别的技术恐惧相比，人们在大多数情况下是对生物技术尚未实际发生的潜在后果恐惧。在当前生物技术并未真实出现威胁时，人们通过一定的逻辑演绎，甚至是对风险的主观建构、想象和推测而产生了生物技术恐惧心理。尽管这种现象包含了对科学技术发展的非理性认知，也有学者认为这种现象正好说明公众科学意识的自觉、进步和变革。[①]这是公众对科学技术发展及其后果积极关心和思考的重要体现。

在实践中，人们由于无法在意识层面对生物技术恐惧的内容和对象进行明确把握，就常常视其为神秘、难以名状的对象。有学者曾将其表述为深不可测的恐惧和不安。这种心理比较顽固，甚至是莫名其妙。人们总是恐惧，但又说不出来究竟恐惧什么。[②]但是，人们的这种虚拟生物技术恐惧由于没有特别牢固的事实基础，使得生物技术恐惧不像其他恐惧症那么严重，不会给人们带来明显的心理伤害，也不至于影响他们的正常生活。

---

① 钱俊生，孔伟，卢大振．生命是什么：人类基因组计划及其对社会的影响．北京：中共中央党校出版社，2000：194.

② 吴国盛．让科学回归人文．南京：江苏人民出版社，2003：180−181.

在多数情况下，生物技术恐惧是人们对生物技术发展难以把握甚至是难以理解和认知的一种心理状态。因此，当人们的生物知识储备、认识能力尚不足以消除对生物技术及其产品的疑虑时，人们仍会对这类技术的发展失去信心，进而产生一定的悲观和忧虑。

生物技术的发展与产业化水平在不同的地域具有一定的不平衡性，这使得生物技术恐惧具有一定的地域特点。在此所讲的“地域”是一种由经济发展水平、科技发展水平和教育发展水平等因素共同决定的空间区划。一个地区是否存在生物技术恐惧会受上述因素的影响。此外，历史文化传统也会影响生物技术恐惧的存在形态。假如生物技术的发展及其展示的社会后果能够与当地的文化语境兼容，人们就容易接受生物技术，也就不容易产生生物技术恐惧。如果生物技术的发展与当地文化存在着冲突，特别是地方文化排斥生物技术的发展，生物技术就不容易在该区域充分发挥其价值，也容易使人们对生物技术的发展产生恐惧。

（三）生物技术恐惧的动态性

一般说来，生物技术发展的动态性决定了生物技术恐惧的动态性。人们对不同生物技术的恐惧心理不断交替，就使得生物技术恐惧在总体上呈现出普遍性、积累性和持久性。这种动态性告诉我们，人类对生物技术具有很强的改造能力和适应能力。具体说来，人们受生物技术的影响过程，也是对生物技术的适应过程。在彼此相互影响和适应中，人们的生物技术恐惧心理会逐渐减弱并向其他技术类别迁移。比如人们恐惧克隆人技术、恐惧人类基因组计划、恐惧转基因技术、恐惧基因编辑技术等。如此看来，每一类新兴的生物技术类别都可能成为人们的恐惧对象。

影响个体生物技术态度的形成因素有很多，如认知能力、情感与价值观、生活环境、生物技术自身的进步与发展、社会主流舆论及其导向等。人们的生物技术态度往往从不确定到形成较为稳定的状态。随着时间的推移，人们的生物技术态度又会发生一定的改变。总体而言，生物技术恐惧不属于个体先天型的恐惧类型，它是人们对待生物技术及其产品和社会影响的现实态度。

（四）生物技术恐惧的感染性

媒介理论家麦克卢汉曾经认为，对于人类社会群体来说，人们的某种态度和行为越不合乎常理，似乎越容易在社会中广泛传播。在此，人们似乎不再努力寻求事实的真相，而仅仅是为了某种声势浩大的传播效果。人们对生物技术的态度和行为就属于这一类，里面充斥着曲解、夸张和想象的成分，这会激发人们的好奇心，会让有关生物技术发展的离奇故事传播得更快、更广。人们对生物技术的恐惧会导致人们质疑有关生物技术发展的所有信息，特别容易放大相关的负面信息。生物技术恐惧具有自我放大性和强烈的人际感染特征，少数人的生物技术恐惧态度很容易扩散给本来没有明确生物技术态度的多数人。总之，人们一旦对生物技术及其产品产生恐惧，就会以非理性、情绪化的方式在社会层面迅速蔓延。

三、生物技术恐惧的元素

在现实社会中，人们的生物技术恐惧成分是多样的，会涉及生物技术的发明和专利、技术化的生物体、生物技术进步的社会影响等。上述方面就成为人们生物技术恐惧的元素。这些恐惧元素既与生物技术发展相关，又与生物本身具有关联性，它们基本上都是以生物体和生物组织作为直接载体，也可以称为“生物恐惧元素”。生物恐惧元素可以直接、广泛地作用于其他生命体，最终影响人体的生命与健康，具有比较强的扩散性、致死性。从生物恐惧元素的来源看，可分为自然层面和技术层面两种。特别是后者具有技术性、人工性，并且不断强化人们的恐惧感。根据恐惧来源的时间顺序，我们可以把生物恐惧元素大致分为以下三类：

（一）历史上发生的生物恐惧元素

在人类社会发展史上，曾经发生过无数次的各种疫病，如严重侵害人类生命健康的天花、鼠疫、麻风、疟疾、伤寒、猩红热、麻疹、炭疽热、霍乱、肺结核、血吸虫病、脑膜炎等，这些疫病的区域性流行夺去了许多人的宝贵生命。在人类社会还经常发生口蹄疫、禽流感、牛海绵状脑病（疯牛病）等动物疫病，给农业和畜牧业生产造成严重危害。上述疫病的发生和流行，给人类社会经济发展、社会秩序带来严重的灾难，让巨额社会财富灰飞烟灭，在很大程度上影响了人类文明的进程，更是给人类积累了痛苦的恐惧记忆。在人类社会的文化史上，“病毒”“细菌”“害虫”几乎就是恐惧的隐喻和符号，对人类社会生活和社会发展产生了极其深刻的影响。例如，意大利作家薄伽丘在其作品中描述了佛罗伦萨在14世纪发生的鼠疫情况：这场瘟疫先从东方地区开始，夺去了无数生灵的性命，之后向西方以燎原之势继续蔓延。[①]此外，1918年至1919年在全球暴发的“西班牙流感”是一场病毒引起的人类传染病惨剧，这场流感大约造成3000万人死亡。[②]上述致命的疫情一再表明，这些生命体构造看上去十分简单的病毒、细菌具有快速的增殖能力、变异能力、扩散能力和传播能力等，因而对人类生命健康和社会秩序造成巨大破坏和威胁。从古至今，病毒和细菌已经成为让人类感到极其恐惧的重要生物风险源。

在人类历史上，特别是近现代以来，存在着一些人为制造的生物恐惧现象。如果说由致病微生物、病毒和害虫传播造成疫病流行算作是天灾的话，而通过一定的生物技术手段来利用特定病毒、细菌和生物毒素的危害性，培养、制作并实施各类杀伤性生物武器，去感染、毒害大量无辜生命，或恶意攻击目标国家和地区的经济生物而造成大面积农作物减产、绝收，造成大量经济类动物死亡，上述罪恶行径则纯属人祸。[③]因此，生物战争和生物恐怖主义活动对人类已有的生物恐惧记忆将起到强化作用，进

① 薄伽丘．十日谈．王志明译．长春：吉林文史出版社，2017.

② 加地正郎，万献尧，毕丽岩．西班牙流感病毒是杀人病毒?．日本医学介绍，2004（06）：252-253.

③ 刘科．技术文化视野中的生物恐惧心理分析．河南师范大学学报（哲学社会科学版），2010，37（04）：40-44.

而让人们对总体生物技术的发展和应用产生十分强烈的恐惧感。这可以说是极少数人对生命科学知识、生物技术手段的滥用与非和平应用，这种情况时至今日又无法完全消除。

在第二次世界大战期间，德国纳粹分子和日本军国主义分子实施了一系列灭绝人性的人体细菌试验，进行了以细菌、病毒为媒介的生物武器研制、测试和施用。在战争中，使用生物武器给许多平民百姓造成了极其严重、长期的肉体伤害以及心理恐惧，有不少人为之失去了宝贵的生命。有资料表明，日军在侵华期间，其细菌战部队在人体试验中杀害大量中国人（另有一些朝鲜人、苏联人和蒙古人等）。此外，日军通过飞机播撒向江河水源投放鼠疫、霍乱、伤寒病菌等方式实施细菌战，杀害的中国民众有数百万人。如果加上细菌战扩大传播范围和疫病持续流行造成的死亡人数则会更多。[①] 无论出于什么样的目的，对人体进行伤害性极大的细菌试验都是反人类、反人道的罪恶行径。有计划、有目的、有组织地制作和使用生物武器是人性极端邪恶和残暴的表现，应该受到国际社会的共同谴责和强烈抵制。这些已经发生过的生物恐惧事件会以各种形式传递给后人，成为一个国家和民族的恒久集体历史记忆，让人们对来自生物界的恐惧，特别是对经过生物技术加工过的生物恐惧感到不寒而栗。

（二）现实中产生的生物恐惧元素

随着人类社会的发展和科学技术的进步，那些生物恐惧的历史元素并没有随着时间的流逝而消失殆尽，人类社会仍会重现昔日的噩梦。一方面，大多数生物恐惧元素具有时空的延续性，那些在历史上曾经危害极大的疫病有卷土重来的可能；另一方面，新的生物恐惧类型在各种因素的刺激下也会不断出现。

1. 引发新疫病的致病微生物

这是一类与人类非正常死亡高度相关、危害性极强的生物恐惧元素。

① 刘庭华．侵华日军使用化学细菌武器述略．中共党史资料，2007（03）：129-141.

疫病距离人类社会并不遥远，世界存在着人类疫病大流行的持续威胁，给人类社会带来严重的后果。当前，人类社会仍面临着比较严峻的公共卫生与健康问题：

其一，新的疫病类型不断出现。

其二，原有的致病微生物不断发生变异，毒性加大，传播力增强，甚至产生了耐药性，已经出现了所谓的“超级病毒”。

其三，疫病的传播速度更快，传播范围更广。防疫实践证明，病毒传播范围越广，变异的机会就越大。在当今经济社会全球一体化的背景下，因贸易、旅游、留学等事由导致的人流、物流不但规模大，而且流动更加频繁和快速。在这种情况下，要减少或避免病毒的传播十分困难，疫病的预防和控制难度将不断加大。

其四，疫病的发源难以消除。当前，全球尚有不少贫困落后、民族矛盾严重、战乱不安以及自然灾害频发的国家和地区。这些国家和地区缺乏基本的医疗保障条件，其公共卫生环境堪忧，很容易成为新一轮疫病的发源地和传播地。在全球社会治理的视野下，当前的疫病防控不仅仅是一个医疗卫生保健问题，而且已经成为一类极其重要的政治、经济、社会、道德、民族和国际关系问题，涉及人民群众生命健康，涉及国家安全和生物安全等重大现实问题，这对世界各国和地区来讲都是一个非常严峻的现实挑战。

2. 潜藏生物风险的现代生物医学实验室

在世界各地的高等学校、军事医学和生物医学研究机构中，分布有数以万计的细胞生物学、分子生物学、遗传学、基因工程和病毒实验室。有不少实验室有条件培养多种微生物甚至通过基因重组制作出新型的病毒和细菌。可以设想，如果在实验室安全管理上出现疏漏，或出现其他意外事故，都有可能造成病原体和重组微生物的逃逸，不仅会给相关实验室的科研人员带来安全威胁，还极有可能造成大面积的人群感染，其社会后果不堪设想。[①]可见，如果生物类实验室出现管理不善或受到外因破坏，实验室就有可能成为生物风险之源。因此，在当今技术风险社会，生物科技工作者既要充满智慧和耐心地对待自己的研究工作，又要有社会责任担当精神，满怀社会道德情感。生物科技工作者既要对实验室的一切行为高度负责，还要对生物技术的社会影响担当其作为专家角色的特殊责任。

3. 生物武器扩散与生物恐怖主义威胁

资料表明，生物武器仍然是目前世界上面积效应最大的武器。不可否认，生物武器对国际社会的现实威胁和恐惧影响依然存在。当前在局部战争阴影的笼罩下，在加强战备的强烈需求中，各类武器的研制、开发工作并没有消停过。与核武器制作的技术要求以及原料获取难度相比，生物武器的制作技术门槛相对较低、经济投入少、施放简便、杀伤力大，并且具有很强的隐蔽性、易扩散性和持久的危害性等特征。相比其他大规模杀伤性武器，生物恐怖主义分子比较容易获取、培养和携带生物感染介质。这使得生物恐怖袭击行为具有更多的机动性、灵活性，相应增加了对生物恐怖主义活动的防御难度。

令人忧虑的是，现代生物技术的迅速发展带来了生物武器扩散的潜在风险。美国政府发布的《21世纪生物防御》报告指出，生物技术和生命科学的进步不断展示出新的毒素、生命媒介物和生物调节器产生的前景。此外，能够创造出变异生物体的专家越来越多且流动性较大。上述情况导致未来防止、控制生物武器威胁的难度加大，更具有挑战性。[②]目前，我们不能完全排除，有一些国家和地区正在设计和实施生物武器的研究发展计划。因此，生物国防应是现代国防的重要组成部分，生物安全应纳入国家总体安全防御体系。我国政府也要有针对生物武器攻击行为的预警机制和反制措施，主动预防敌对国家或地区的生物武器攻击行为，从而防范、避免发生重大的生物灾难和生物风险。

---

① 王雪飞，张荔子，罗刚．实验室生物安全警钟长鸣．人民日报，2004-07-15（15）．

② 刘建飞．生物武器扩散威胁综论．世界经济与政治，2007（08）：49-55+4.

21世纪是有可能出于恐怖袭击目的而使用生物武器的世纪，国际社会应当严肃对待生物恐怖主义袭击问题。据推断，生物武器有可能作为某些政府或者组织为实现其特定政治、经济、军事、宗教、民族等利益诉求的重要手段，极大可能会发生生物恐怖主义活动。此类活动主要是利用能够在人与动物之间传染和共患的感染性媒介物（如细菌、病毒、原生动物和真菌等），人为地传播疫病，引发较大范围疫情，造成大规模人员伤亡；或者导致某区域的农作物、家畜家禽等感染疫病，造成重大经济损失，引发特定区域人群的社会心理恐慌，进而引发社会动荡不安。可以说，生物恐怖主义袭击将严重破坏人类社会正常的生活秩序、生产秩序、经济秩序和社会秩序，社会危害性极大。因此，国际社会不应忽视生物恐怖袭击的可能性。20世纪80年代以来，在世界范围已经发生了多起有影响的疑似生物恐怖主义活动。

据世界卫生组织推断，人类社会已经在1979年消除了天花疫病。天花被根除之后，国际社会也相应停止了大范围的天花疫苗接种。这样就形成了大量未获得天花免疫力的易感人群，也缺少对天花有临床经验的公共卫生从业人员。如果天花病毒被生物恐怖分子恶意利用，将会产生极其严重的具有大范围致死性的社会后果。在这个复杂多样又多变的国际环境中，暗藏着威胁人类生存与发展的邪恶力量和黑暗势力。人们不知道生物恐怖主义袭击的下一个目标是谁？不知道这些生物恐怖分子会采取什么方式？也不知道生物恐怖袭击会发生于何时、何地？人类社会无法根除生物恐怖主义的幽灵，我们只能高度警惕，认真加强防范。

（三）基于生物技术发展的生物恐惧概念元素

人们根据生命科学和生物技术的发展现状与未来趋势，推测可能会出现对人体健康、社会生活、生态环境、社会道德秩序造成危害的生物恐惧概念元素。这些令人恐惧的元素具有一定的虚拟性，虽然是不确定的，甚至是推测出的，却又不能完全排除。因此，随着生物技术的发展，这类恐惧元素给人们留下了更多想象和忧虑的空间。目前，这些恐惧元素大多停留在人们的思维建构中，由于人们不能准确认识和科学解释，猜测的成分依然很多。此类恐惧元素主要表现为以下几个方面。

其一，风险丛生的“魔鬼食品”。这是一些西方媒体赋予转基因食品的别名，把转基因食品与令人恐惧的弗兰肯斯坦“造人”故事关联在一起。目前科技工作者并不能明确证实所有转基因食品的长期安全性，如转基因食品是否含有对人体有毒害作用和致敏反应的物质，在分子层面转入生长激素基因是否对人体健康产生不利影响等。正是这些可能的危害留给社会公众许多有争议的话题，并且对转基因食品心存疑虑和恐惧。

其二，莫衷一是的“克隆人”。“克隆人”概念早已出现在人们的话语中。需要重述的是，人们从 1997 年英国科研人员体细胞克隆羊成功的个案中演绎了“克隆人”概念，不但混淆了人类个体成长的社会属性与生物属性，还基于克隆动物出现的早衰、早亡等情况预示“克隆人”出现之后的悲观前景。根据生物技术的发展趋势，人们还推导出“基因超人”“人兽杂合体”“人兽嵌合体”等令人忧虑的概念。究其实质，这些概念背后都涉及人类生育行为的技术化问题。也就是说，随着生物技术的发展，人类个体的生育在走向“非自然化”。在社会上就出现了“克隆人恐惧”“基因超人恐惧”“人兽杂合体恐惧”等概念，这充分反映了现代生物技术的发展日益扰动了人类社会的法律和伦理秩序，触及了人类个体的尊严、价值和基本情感。例如，人 – 动物细胞融合实验展现的可能图景挑战了人类的基本情感，引发了人们的厌恶和抵制。具体说来，当人兽嵌合体与人的区别仅仅存在体内时，人们眼不见心不烦，从情感上还容易接受。比如，对于移植猪心瓣膜或其他动物器官的病人，人们一般不会感觉很奇怪。相反，动物的形状一旦出现在人体外表，若人体安装个“象鼻”或接续个“狗尾”，这种外观的怪异和非自然就容易让人们产生反感情绪。不少人的焦虑心理就是基于这些实验可能会产生外观异常的“半人半兽”。[①]

① 刘科，王欣欣．人—动物细胞融合实验的社会焦虑及其价值抉择．科技管理研究，2014，34（16）：249–254.

其三，伤人于无形的“基因武器”。在生命科学研究领域，科研人员逐步深化了对人类基因组功能的认识，并且日益完善基因操作的技术手段。在此背景下，有人设想根据人类基因的个体差异来设计出可以识别、攻击特定民族或种族的基因武器。这种基因武器可作用于人的遗传物质，改变人的遗传特性，其影响不仅是持久的，而且是不可逆的。果真如此的话，基因武器将会使人类社会的未来发生难以预料的巨大改变，很可能使人类的生物进化过程受到严重影响。当然，基因武器最多算是现代新概念武器的一个可能方向。当前，人们谁也说不清这种基因武器如何研制、如何攻击，只是简单地将其比喻为可怕的“世界末日武器”，人们设想它的威力巨大无比、不可控制。当前，人们用基因武器这个概念来表达人们的生物技术恐惧感，表达对基因技术发展迅速、功能强大且可能被滥用前景的严重忧虑。

目前，人们对上述生物恐惧概念元素的忧虑来源于人们对生物技术发展趋势的推测，超越了人们认知的界限和对技术成果应用的心理接纳空间，体现了人们对生物技术可能被误用的恐惧心理。尽管这种恐惧心理带有一定的虚拟性和推测性，我们也不能无视这种心理的预警性。我们还要清醒地意识到，上述概念可能在社会层面引发的道德恐慌和实际危害范围在当前是比较有限的。因此，在我们认识、处理和防范生物技术的恐惧元素时，有必要区分它们的轻重缓急，进而分别采取有效的应对措施。

第二节 生物技术恐惧产生的科学背景

生物技术恐惧的形成源于人类的历史记忆、技术文化和生活体验，也源于生命科学的深入发展和生物技术的向外扩张。今天，生物技术在向世人展示美好前景的同时，也在有力地冲击着人们脆弱的心灵。生物技术恐惧的产生不是空穴来风，它是在特定的生命科学发展背景下产生的。

一、现代生物技术的兴起与特点

20世纪中期以来，以DNA分子双螺旋结构的发现、遗传密码的破译为代表的生命科学研究创新成果不断涌现，宣告分子生物学时代的到来，生命科学研究从宏观开始走向微观。此后，细胞生物学和分子生物学的研究与发展逐步深入，人们获得了越来越多微观层面的生命科学知识。特别是重组DNA分子技术的创立，将生命科学和工程技术有机结合起来，使得研究人员能够从生物细胞体中剪切、分离、修饰和转移特定的遗传基因，具备了在细胞和分子层面精准控制生物发育与生长过程的技术操控能力，进而创造出新的物种或使已有的物种具有新的生命性状。

1972年，美国斯坦福大学的伯格等科研人员利用限制性内切酶和连接酶得到了人体第一个体外重组DNA分子，成为基因工程技术诞生的一个标志性事件。这一成果向世人表明，遗传学研究已经开始从一门描述性为主的分析科学跨越到一种分子水平上的可操作性技术，可以实现认识生命与改造生命的有机统一。可以说，这是一场真正意义上的生物技术革命。科学界、产业界、理论界和社会舆论普遍认为，生物技术将会在未来深刻影响全球经济社会的面貌以及人类的价值观念，还深刻地改变人们的生命观、财富观和风险观。有人认为，生物技术是构造21世纪经济生活的基石，生物经济的曙光已经在人们眼前呈现。生物技术将广泛应用于农业、制药、医疗、食品工业、能源等社会经济领域。21世纪将是“生命科学世纪”或“生物技术世纪”等充满乐观情绪的断言已经深入人心，变得耳熟能详。

现代生物技术体系主要包括基因技术、细胞分化和调控技术、酶的修饰和利用技术、发酵技术和蛋白质设计等方面，也可以分别称为基因工程、细胞工程、酶工程、发酵工程和蛋白质工程等。上述技术在农业、生物制药、医疗保健、环境保护等领域产业化、市场化，通过产品和服务对人类生产和生活领域进行广泛渗透，不断提升生物技术的社会影响力。在实践中，生物技术已经给人类社会创造出不少奇迹，也必将创造出更多的奇迹。今天，对人类社会的健全发展和可持续发展而言，现代生物技术都是一类不可或缺的技术保障。当人们在认真考虑影响人类前途和命运的各种技术力量时，决不能忽视现代生物技术所蕴含的强大力量、发展机遇和利益空间。

对人类社会的发展而言，现代生物技术负载了显著的医疗价值、经济价值和社会价值等。现代生物技术与其他类别的技术相比，具有独特的技术对象、技术路径和技术价值，其所涉及的问题都与人类的基本生存与发展密切相关，这充分表明生物技术是一类非常重要的生存性技术、关键性技术。因此，密切关注现代生物技术的发展就是在关注人类的前途与命运。美国生物学家迈尔在谈及生物技术发展的社会价值时曾经指出，只要想一想生物学在过去已经给人类带来了巨大的利益，我们就会确信生物学将可以继续在未来给人类社会带来难以预料的益处，特别是在医学和农业等方面。[①]在人类社会发展进程中，一直面临着公共卫生危机、人口增长、粮食危机、资源枯竭、能源紧张和生态污染等现实问题，以生命科学为基础的生物技术将有望为之提供有效的解决手段。

在现代生物技术蓬勃发展的背景下，我们有理由相信：随着时间的推移，在农业转基因技术、动物转基因技术、人类基因组研究、人体基因治疗、人体器官克隆、基因编辑技术等领域将会取得重大的突破性进展，对人类的生产、生活和医疗保健领域产生广泛而实际的影响，为提高人们的生存质量、生活质量做出特别重要的贡献。在现实社会中，任何片面反对、严重阻碍现代生物技术发展的借口都将失去坚实的社会根基。但是，我们要正视和防范生物技术研究、发展及应用过程中产生的消极影响和技术风险，也要正视少数人对生物技术发展产生的恐惧感，正视并解决生物技术发展中的价值悖论。

在人类社会，任何一类技术的发展最终都要走向社会实践维度。正如有学者所指，技术属于人类行为和社会实践，而不仅仅是一种思考或知

① Mayr E. Biology in the twenty-first century.BioScience，2000，50（10）：895-897.

识。[1] 作为人类社会求生存、谋发展的一项重要社会实践活动，生物技术是自然属性和社会属性的有机统一体。在其历史生成和社会应用过程中，生物技术逐渐形成了自身的特点：

（一）生物技术的学科基础具有综合性、跨学科性

以生命科学为主体的多学科交互作用是生物技术的学科基础。生物技术主要是对生物体遗传和变异规律的自觉应用，任何不遵循生命运动规律的生物技术都是不可能实现的。在细胞水平或分子水平上进行微观技术操作，离不开多学科知识和技术手段的联动作用。当前，生物技术的发展和具体应用已经涉及分子生物学、分子遗传学、细胞生物学、发育生物学、生物化学、动物学、植物学、微生物学、人体生理学、动物生理学、植物生理学、统计学、材料科学、电子学、光学、计算机科学、信息科学和其他技术科学分支，这充分反映了现代生物技术发展的复杂性、综合性和跨学科性。

在漫长的社会发展历程中，人类为了生存和发展对其他生命形态的改造活动从未停止过。在生产劳动中，人类的祖先对动植物品种就开始有意识地进行人工选择和培育，发展了农业种植和动物养殖。近代以来，杂交育种技术对促进农业、畜牧业革命的积极意义更是人所共知。20 世纪 70 年代以来，生物科技工作者开始探索使用基因重组方法培育出具有优良性状的动植物新品种。这比传统育种方法更加精准、更加高效，育种时间也相应缩短许多。总之，基于生命科学深刻发展的生物技术研究与开发，使人类有可能在分子水平用更加多样化的方式来展现、模拟和利用复杂的生命世界。

（二）生物技术的作用对象具有独特性

人们借助生物技术可以按照自己设定的目标定向利用和操纵生命体的

---

① 陈红兵，陈昌曙. 关于“技术是什么”的对话. 自然辩证法研究，2001（04）：16-19.

遗传发育过程。具体说来，生物技术是以生命体（微生物、植物、动物、人体）的遗传物质或其他活性组织作为操作对象，对其在分子或细胞水平上进行定向设计、控制、改造或者模拟其功能。当前，生物技术的主要发展趋势如下：

第一，生物技术创新日新月异。特别是基因操作技术不断完善，植物基因工程技术、动物基因工程技术和微生物基因工程技术的研究取得重大突破；阐明生物体基因组及基因编码蛋白质的结构与功能具有重要的实践价值，成为生物经济的重要生长点。

第二，生物技术与其他学科交叉融合趋势十分突出，研究领域不断扩张。比如，蛋白质工程技术拓展了基因工程技术，结合分子生物学、结构生物学和计算机技术形成了一门高度综合的技术学科；信息技术与生物技术的深度融合，形成了生物信息学，涉及生物信息的储存、检索、分析和利用，有着十分广泛的应用前景。

（三）生物技术的社会价值具有广泛性

生物技术的发展为人们开发、利用和保护生物资源提供了强大的工具和手段，具有广泛的经济价值和社会效益。生物技术的应用已经涉及社会经济许多部门，如农业、医药、卫生、保健、食品、饲料、化工、环境保护、能源、采矿和冶金等。生物技术的发展必将对更为广泛的社会领域和人类生活产生更大的影响。比如，在生物分子和基因层面的药物、疫苗开发，有可能革新整个疾病的预防和治疗领域；克隆技术目标的取舍一度引起国际社会的广泛关注和激烈论争。

生物技术的发展将极大地改变人类的生活方式。有人已经展望如下：由室内的大型细菌培养器皿来获得食物、衣物的原材料；用基因工程技术生产生物质能源；普通人就可以得到自己翔实的遗传图谱，从而可以预测自己的生物学未来，做好疾病预测、预防工作；基因治疗将更加精准、更加有效，不断提升个体生命质量，促进人类平均寿命不断延长……可见，生物技术的发展将影响人类生活的许多方面，也让人们获取更加多样化的物质生活资料。

目前，世界各国都非常重视生物技术的研究和发展，把它作为新的经济增长点，把它作为实现经济跨越式发展的重要抓手。在生物技术大发展的历史机遇面前，发展中国家通过在该领域的积极研发和应用，可以有效缩小与发达国家之间的技术差距，甚至有可能在一些领域取得比较优势，有利于提升自己的综合国力，有利于国际生物经济新秩序的形成。

（四）生物技术同人文价值的关联性

由于生物技术的作用对象包括了人类个体，其发展和应用过程必然会涉及人文价值，在不同的层面影响人与人、人与社会、人与自然的关系。生物技术与人类社会及其成员的利害得失密切相关。生物技术的发展特别是人类基因组序列图谱的成功绘制把生命科学推到一个新的高度，使人们从认识、利用生命的时代进入改造生命、创造生命的新时代。此外，生物技术的广泛利用可提高人们的劳动效率，节省劳动时间。

生物技术发展对人类个体健康至关重要。生物传感器和基因芯片的研制和应用可以更好地检测出在临床上已明确知道的某种严重的遗传性疾病基因，可以检测出遗传性疾病的患病倾向以及易感性。如果对检测出的遗传性疾病可以及早采取医疗干预，可以在整体上提高人类生命质量，让人们有更多的生命安全感和幸福感。

人类基因组计划的成功将使人类在分子水平上获得认识自己的重要途径，其对生命科学研究和生物技术产业发展的导向性意义特别重大，具有规模化、序列化、信息化以及产业化、医学化和人文化的内涵。我们在期待人类基因组计划的研究成果发挥其改进人类生产、生活和生态环境等积极意义的同时，也要对其潜在的消极影响保持高度警惕。1997 年，联合国教科文组织发布《关于人类基因组与人类权利的国际宣言》。这个宣言包含了四条原则，分别是：人类的尊严与平等、科学家的研究自由、人类和谐、国际合作。此宣言充分表述了人类基因组计划可能对科学、经济、伦理、法律及社会、生态等方面的冲击，以及对这些问题进行讨论的迫切性、严肃性。[①] 此宣言呼吁各国政府和有关国际机构进行密切合作，保证人类基因组研究的成果用于和平目的。这个宣言也暗示了在后基因组时代，生命科学成果所引发的社会伦理问题具有很强的复杂性，让人类社会面临着一场巨大的考验和挑战。不可否认，人类基因组计划在解读生命秘密的同时，也可能在无意间带来许多风险和威胁。具体说来，人类基因组序列图谱的成功绘制使人们对基因技术的发展产生了忧虑和困惑。在今天，生物技术发展可能带来的日益增多的风险正在引起各国政府、学者、媒体和社会公众的关注，需要群策群力找到可行的解决方案。

二、生物技术异化的产生及其特征

任何一项技术都是人类有目的的发明设计，负载着多种价值，在社会层面会展现多种可能的结果。因此，人们难以确保所有的技术在社会实践中的完美无缺。在生物技术研究、发展、推广和应用的过程中，也会给人们带来许多挑战和风险。

生物技术的发展给人类社会带来许多意想不到的颠覆性影响和冲击。有学者认为，生物技术给农业、工业、食品、医药等领域带来了光明的前景，也带来了政治、经济以及社会道德和风险安全方面的挑战。[②] 这再次说明生物技术社会影响的多重性和广泛性。又如法国学者皮埃尔认为，通过对农作物基因的改造，对其性状、功能和特定的本质进行修改，之后将其市场化。在这种背景下，农业社会就失去了与生物世界特定的自然关系。[③] 换句话说，通过基因改造的生物技术产品既可能给人类带来一个有

① 中国科学院遗传所人类基因研究中心．“人类基因组计划”及其意义：规模化、序列化、信息化与产业化、医学化、人文化．自然辩证法研究，2000（09）：1-3.

② 包国光，陈红兵．技术批评主义及其心理根源．东北大学学报（社会科学版），2002（04）：235-237.

③ 皮埃尔，苏瑞特．美丽的新种子：转基因作物对农民的威胁．许云锴译．北京：商务印书馆，2005：88.

望解决粮食安全和医疗保健问题的幸运契机，也可能给人类社会带来可怕的威胁。对人类社会的健全发展目标而言，我们需要追问一个生物技术发展的现实问题：生物技术究竟是“潘多拉的盒子”抑或是“普罗米修斯的圣火”？随着生物技术的发展和应用，人们不断地争论与之相关的生物安全、生命伦理问题。特别是人们围绕克隆人技术、转基因技术等应用进行激烈的讨论，预测和分析这些技术在其发展过程中可能会给人类社会带来的诸多忧患——对人类社会伦理秩序的破坏，对人性和尊严的挑战，对生物物种多样性、生物进化机制可能产生的不良影响，对自然界平衡的威胁等。

在社会实践中，人们根据生物技术的社会影响以及不同的价值标准来判定生物技术异化的程度。当某一类生物技术的发展和应用符合人类社会的价值标准和根本利益时，人们就认为此项技术实现了它的正向价值；当生物技术的发展后果偏离了人类社会的价值标准和根本利益时，即被视为负面价值，也就是出现了生物技术的异化。

（一）生物技术异化结果的不可避免性

以对生命个体进行操纵和改造为目标的生物技术，其发展和应用必然会影响人类自身、人类社会和自然界的秩序。生物技术是在不同的社会环境中开发和应用的，随时都会出现人们无法预知的后果。生物技术也有一个逐步走向成熟和完善的发展过程。生物技术的发展包括研究、设计、选择、推广和应用等诸多环节，在每一个环节都可能会存在认识和技术手段方面的局限性，很难完全避免生物技术异化问题。

（二）生物技术异化形式的不确定性

生物技术的发展和应用直接涉及包括人类在内的生命个体，对生命个体具有强大的塑造作用。因此，生物技术的开发和应用会带来诸多新事物、新现象和新的发展空间。生物技术及其产业的发展在给人类带来巨大利益时，也引发多方面的不确定性问题。虽然说生物技术建立在生命科学知识基础上，在技术层面具有一定的稳定性和可靠性。但是，人们对生命的认识有一个逐步深化的过程，特定时期的生命科学知识具有不完备性，其精确性目标需要逐步实现。为此，人们要确立一种新的科学理性来对待不确定性问题。耗散结构理论创始人普利高津认为，科学不再等同于确定性，概率不再等同于无知；科学知识在本质上是概率性的；由科学知识概率性所表征的不确定不会因为人们付出了时间和努力就可以完全消除，它是内在于科学知识之中的。[①] 生物技术异化形式具有不确定性，但我们相信，生命科学的纵深发展必然使生命科学知识不断丰富、不断走向明晰，这将使生物技术的实践目标更加精准有效，会逐步减少不确定性问题的产生。

（三）生物技术异化形式的多样性

在生物技术发展和应用的不同阶段，生物技术异化有着不同的表现形式。对于不同的生物技术类别和应用领域，人们对其异化的争论也是不同的。例如，人们已经对体细胞克隆技术、动物无性繁殖技术和基因治疗等技术类别展开了激烈的争论。人们既关注生物技术对人体生理、心理可能造成的异化问题，也关注生物技术对生物进化和生态环境造成的负面影响。人们担忧那些经过生物技术改造过的生物体通过基因扩散、基因漂移会影响已有生物圈的稳定结构，会影响生物物种的多样性等。

三、生物技术异化的主要表现

生物技术的异化给人类社会、自然界带来诸多负面影响。特别是转基因技术的开发和应用引发了许多争议，其间出现了一系列转基因生物安全事件，每一次事件的发生都通过媒体的发酵而引起人们的广泛关注，使得人们对生物技术发展和应用产生恐惧心理。生物技术异化的主要表现如下：

---

① 普利高津．确定性的终结：时间、混沌与新自然法则．湛敏译．上海：上海科技教育出版社，1998：105.

（一）生物技术对自然界的异化

人们根据基因重组技术、克隆技术的特征和应用功能，认为此类技术的广泛应用有可能会减少生物多样性，有可能深刻改变生物界的组成结构和生物体的自然生长过程。在微观层面，人们通过操纵基因干预生物个体的正常生命运动过程；在宏观层面，由于生物个体之间的密切关联，这种技术干预可能会对整个生物圈的演化起到一定的负面影响。可以说，运用生物技术改变生物界引起的生态忧患影响深远。

1. 引发生态危机

长期以来，生态系统的各个部分通过自身有规律的活动最终实现生态平衡。人类只是生态系统中的一类元素，人类接受来自特定生态系统的物质、能量和信息，又以自身的社会实践活动特别是生物技术活动影响生态系统的总体运行。美国技术哲学家伊德认为：在低技术的条件下，人类的活动也会引发一些环境灾难。当前高技术的发展及其广泛应用让这一进程加速和加强了。[①] 可以说，生物技术的应用不断超越了自然界本身的可修复范围和可修复能力，对生态环境的影响十分深刻。

人们通过生物技术特别是转基因技术对其他生命体进行改造、重构，进而对生态系统施加影响，使人与环境之间的正常结构和功能发生一定变化。例如，如果转基因生物活体没有经过长期严格的生物安全评估就向自然界释放，是否会引起生物入侵进而对其他生物物种构成生存威胁？事实上，通过生物技术培育的作物新品种对已有的生态系统来说就是外来物种。在媒体的报道中，已经出现生长和扩散能力极强的“超级病毒”“超级杂草”问题。在当今全球化时代，外来物种入侵对特定区域生态系统的消极影响已经引起社会各界的普遍关注。人们担心，即使是很小的生态隐患，如果连续积聚也可能会酿成难以挽回的严重后果。因此，反思生物技术应用可能对生态系统造成的破坏性影响，是保证生物技术健全发展的重

---

① Ihde D. Philosophy of Technology：an Introduction. New York：Paragon House，1993：52.

要方面。

2. 生物遗传资源的非法流失

从积极方面讲，生物技术的发展对生物遗传资源的高效获取、深度开发和广泛利用具有非常重要的现实意义。根据联合国《生物多样性公约》的相关规定，遗传资源指具有实际和潜在价值、具有一定遗传功能的材料，包含有遗传功能单位的动物（包括人）、植物、微生物或其他材料。具体说来，遗传资源包括动物、植物所有的体细胞与生殖细胞系，也指含有人体基因的血液、细胞、组织、器官等材料。当前，发展生物技术离不开对生物遗传资源的开发与利用。但是，由于全球生物遗传资源的分布具有一定的区域性和稀缺性，某些生物技术发达国家就把目光转向遗传资源比较丰富的发展中国家。这些发达国家通过不正当的技术手段将发展中国家的原始基因资源加工成商品，同时申请专利保护。此外，一些私人生物技术公司还试图以各种非法手段争抢发展中国家特定区域人群以及珍稀濒危生物物种的遗传资源，当作科学研究和商业利益的重要资源。[①] 美国农业部就曾派人以合作研究和共建遗传数据库的名义，到中国各地去收集大量的生物遗传资源。

3. 破坏生物物种多样性

生物物种多样性是全人类的共同财富，它关系到生物链的相对稳定以及人类的生存和发展。人作为自然生态的主体与其他生命形式一样，以多样性的生物圈为其活动范围并获取生存资料。物种多样性规定着人类生存与持续发展的基本条件，保护生物物种多样性就是保护人类的生存与发展，其意义十分重大。生物技术在提高农作物产量的过程中，也可能会带来农业品种的单一化。为了达到高产、优质的目的，人们会选择单一品种的优良作物。如果大面积种植就会降低物种的种类，进而减少农作物的遗传多样性。目前，农作物种植趋向单一型，其基因结构越来越趋同，这就容易降低总体农作物的环境抗逆性。在林业种植方面，通过生物技术手段

① 张强．生物技术给人类社会带来的负面影响．经济研究参考，2003（67）：29–37.

培育出的转基因物种在品质、性状上可能会优于自然物种，就会存在抑制自然物种生长的可能性，也可能会导致个别自然物种的灭绝。此外，在强大经济利益驱动下，一些企业和个人对生物资源进行掠夺式开发，极大地改变和破坏着生态环境，人为减少生物物种的多样性。总之，生物技术的发展可能会在较大的范围对物种多样性、生态平衡造成不良影响，要及时引起人们的高度警惕。

4. 扰动生物自然进化机制

人类是生物界自然进化的最高产物。同时，人类的进化又日益反映在社会文明的进化上，主要依靠不断改进和完善的技术手段来实现这一目标。人类社会的进步与生物进化之间有着不同的性质和方式，它们相互关联、相互影响。为了充分满足人类多方面的需求，人们通过生物技术把生物物种的特定基因作为操作对象。在实现人类生产效率和社会效益时，也在不断地影响生物自然进化的过程。由于生物技术作用的后果不能完全事先预知，对生物物种特定基因的技术改变作为一个重要变量对生物进化过程可能会产生不可逆转的影响。因此，生物进化的动力和形式已经发生了很大的变化，人工技术选择的短期定向作用逐步取代了自然选择的长期缓慢作用。可以说，具有主观目标的生物技术极大地解蔽了生物界的复杂性和神秘性，正试图把它简单化、齐一化、功能化和商品化。例如，人们担心人－动物细胞融合实验可能会对长远的物种群体遗传和进化产生不良影响。这些混合胚胎是用人与其他动物细胞杂交得到的异种产物，动物种系由此发生人为的技术改变，这是否会破坏物种间的平衡？毕竟经过数亿年时间进化而来的生命系统十分复杂，人们在认识和控制生命系统稳定方面的能力还十分有限。任何的实验操作及管理疏漏或技术偏差都有可能导致新物种失去控制，将给社会和自然界带来不确定的生物风险。如果科研人员不去认识这种潜在的风险、不去计较任何后果而恣意妄为，这无疑是一种不负责任的行为。

人类生活于技术网中，通过技术进步实现社会的发展；人类生活在一个更大的生物进化网中，总是以一定的自然环境为其生命活动的寓所。生物技术既满足人类的发展需求，又通过变更遗传物质影响生物进化。对于人类来说，在发展生物技术的同时，更应放眼观看生机勃勃、丰富多彩的生命世界，俯首倾听来自生命世界的天籁之音。面对神秘莫测的生物进化现象，人们需要重新唤醒对生命和生态的敬畏之心，以使人类走进一个更为广阔的发展境地。总之，在自然进化、生命进化、社会进步和人类文明发展之间，我们需要一种和谐与平衡的社会选择。

5. 引发基因污染和人体健康风险

人们担心利用生物技术制作出的转基因生物在大面积释放时，有可能会对生态环境的稳定性造成一定的破坏。特别是重组DNA分子进入水体、土壤后有可能会与细菌杂交产生出对人体有害的新型致病菌种，这就是所谓的基因污染。通过生物技术创造出的新品种，有可能出现基因突变和重组病毒，在释放到自然界之后，便会影响其他生命形态，对生物物种多样性、生态平衡都是一个较为严重的破坏。例如，某种具有抗除草剂性质的转基因植物品种可能通过基因漂移，影响邻近的其他植物品种，甚至可能会出现对除草剂产生抗性的超级杂草。有资料介绍，美国一家公司发现他们培育的基因改良新草种，其花粉能飘到一千米以外。一种转入抗除草剂基因的油菜品种在加拿大种植后，与周围的杂草出现了授粉杂交，这些杂草的种子在生长之后，现有的农药无法控制它们。[①] 此外，美国科学工作者在《自然》杂志发表报告指出，用涂有转基因玉米花粉的叶片喂养斑蝶，导致约一半的幼虫死亡。这个在权威期刊上发表的生物安全事件让人们加深了对生物技术发展和应用的恐惧心理。总之，生物技术的发展将会带来新型的生态灾难，这些更加隐蔽、作用力更强的基因污染是造成基因突变、引起病毒基因发生变异的重要原因。

有不少人质疑转基因食品的安全性，关键在于此项技术的实施涉及转基因载体。在转基因技术的操作中，需要把目的基因连接到载体，再通过

① 高崇明，张爱琴. 生物伦理学十五讲. 北京：北京大学出版社，2004：81.

载体插入生物的染色体中使其产生遗传效应。科研人员为方便观察研究效果，在载体中常常用抗生素来标记基因，结果会在转基因品种中留存一定含量的抗生素。于是，人们就比较关心这些用作标记的抗生素是否对人体产生危害。对此问题，为防范生物技术风险，生物学家开始探讨利用生化产物来替代抗生素，减少育种过程的负面影响，也以此减少公众对转基因产品的恐惧心理。

人们通过生物技术可能会无意间创造出一些难以预测的致病源，给人类社会带来危害，增加了人类疾病预防、诊断和治疗的难度。如转基因食品安全性是一个社会热议的话题。转基因食物进入食物链之后就有可能会对人类个体造成意想不到的伤害，转基因食品可能会使人体产生抗药性和过敏、中毒现象。此外，跨物种疾病或病毒感染的健康风险也值得人们高度关注。早在 1996 年美国食品药品监督管理局就公布了跨物种移植器官的指导原则，主要是防止一些动物疾病通过器官移植传染给人类。基于转基因猪器官的安全性问题，美国决定暂停使用转基因猪作为供体器官给人体做器官移植。有科学证据表明，人和动物之间的病原体可能会发生物种间跳跃，进而产生病原性改变的重组病毒，对人体健康构成威胁。动物身上存在的一些未知病毒可能对动物没有什么危害，在到达人体后却有可能对人体有致命伤害。因此，人－动物细胞融合实验存在着跨物种病毒感染的风险性。

6. 技术圈对生物圈的影响

由于现代技术具有极其强大的影响力，人们就把技术及其施加影响的环境称为技术圈。在实践中，技术圈已经对包括动物、植物、微生物及其生存环境构成的生物圈产生了较大的影响。特别是现代生物技术的发展和应用强化了生物圈对技术圈的依赖程度。生物技术由于可以在分子水平、细胞水平上对生命体共有的遗传物质进行操纵、修饰甚至于编辑，就在更大程度上改变了生物圈的自然运行基础，注入了更多的人类智慧，改变了生物圈的本来面貌，动摇了生物圈运行的自然基础。当前，包括人类在内的所有生命体都已经成为生物技术操作的对象。此时，人类具有双重身份，人类既作为技术主体属于技术圈，又作为生物圈演化的有机组成部分成为技术操作的对象。

生物技术使人类日益生活在一个不断开放的技术世界中。正如量子力学的创始人之一海森堡所指，在历史过程中，第一次出现了现代人在地球上所面对的唯有人类自身的局面，他不再有伙伴和竞争者。在以科学知识为主导的技术时代，人工自然的范围逐步扩大。由于技术对自然界的渗透，天然自然日益成为人工自然，逐步被打上了人工的烙印。

在“人－社会－自然”的复杂系统中，自然界不是外在于人类社会仅供人类利用、操作和控制的对象，也具有更为深刻的自身价值。我们运用现代生物技术控制自然系统和创造人工系统的过程，也是人与自然之间的对话和交往过程。生物技术活动引起自然界的深刻变革折射出的正是当前世代与未来世代之间的道德关系。当代人对后代人的责任和义务之一就是要保持良好生态的可持续利用。在当前深刻的生态危机面前，我们当代人应该及时调整自己的行为和价值目标，以使生物技术的发展和社会应用更加合乎人类可持续发展的需要。

（二）生物技术对人类的异化

人类生存对生物技术的发展有着强烈的依赖性，二者之间存在着复杂的内在关联。一方面，生物技术的发展实现和扩大了人的选择权、自主权和发展权，这是发展生物技术的积极目标；另一方面，生物技术在应用过程中又产生了始料未及的负面影响。生物技术一旦发展起来，就会要求社会容纳其技术演化的内在逻辑和独特的价值目标。生物技术为人类摆脱自身的生理局限从而实现更大的价值目标创造着条件，也对人类文明、人类存在和社会心理带来了新的限制和风险。在实践中，人类的自身解放与生物技术的发展总体上是同向同行的，偶尔也会相互背离。生物技术的发展并不总是合乎人的本质诉求，其背离人本性、负作用于人的本质的方面已经有所呈现，主要表现在以下方面。

1. 对人类个体生理层面的影响

生物技术的发展后果具有不确定性和影响程度的深刻性，涉及人的问题越来越多，会直接影响许多人的生存状况。特别是对人类遗传物质的有效操纵，对人类的生命本质是一种严重的影响，对人们的价值观念是一种颠覆，对人们的生活状态是一种改变。正如英国哲学家罗素所讲，科学自从它首次存在时，已对纯科学领域外的事物发生了重大影响。[①] 生物技术在医疗保健领域中的应用，有望治疗危及人类生命安全的疑难病症，有利于保障人类成员的生命质量。

但是，在生物技术的社会应用过程中也会出现一些始料不及的问题。例如，如果自然的两性生育方式被生殖性克隆技术代替，技术因素将会渗入人类的生育过程。人类个体将成为生物技术制作出的“产品”，生命的神圣性和神秘性将失去自然的底色，还将引起其他社会、伦理和法律问题。这些问题包括：无性繁殖方式有可能破坏个体的独特基因型，长此以往会导致人类基因库趋向单一性；一旦人类基因出现纯化和退化现象，人类适应自然环境变化的能力就会降低，影响人类自身的可持续发展。[②] 另外，一些生物医学工作者尝试将动物的器官移植给人体来解决供体器官不足的问题。但是，人体引入外源基因后可能会引起人体生理变化，对人体内源基因、基因调节的作用机制是一种破坏，还有可能激活原癌基因，引起人体癌变。总之，上述生物技术操作行为有可能打破自然界的平衡，对生命的自然演化规律是一种挑战，还威胁着人类身体健康。

随着生物技术的迅猛发展，人们已经隐约地感受到它对人类社会的强烈冲击。如海德格尔所指，生命掌握在化学家手中的时刻不远了，化学家能够随意分解、组合和改造生命机体，人们甚至惊诧于科学研究的大胆而什么都不想——人们没有考虑到这里借助于技术手段在为一种对人的生命

---

① 罗素．人类的知识：其范围与限度．张金言译．北京：商务印书馆，1983：479.

② 刘科．后克隆时代的技术价值分析．北京：中国社会科学出版社，2004：72.

和本质的侵袭作准备。[①] 可以说，人们已经能够借助生物技术实现对生命体的操纵和重构，这是一种十分强大的技术能力，但这种能力会有不同的实践目标，也会受制于人们或善或恶的愿望。特别是生物技术在人类生殖医学领域的应用，使得定向改变人、设计人成为可能，也使得与动物基因的嵌合成为可能。人类基因组计划的成功实施，使人类社会进入所谓的后基因组时代，而这个生物技术时代必然充斥着各种机遇和风险。生物学家对人体基因结构与功能的进一步研究，将明确各种决定人类性状形成的遗传序列。因此，一旦人类可以利用生物技术随心所欲地改造甚至制造生命时，生命的意义将会发生根本性的改变。人们将会再次追问“生命是什么”“生命的本质是什么”“人是什么”“人的本质是什么”这类古老而又常新的命题。事实上，在新的生物技术强烈挑战下，上述命题原有的答案已经受到人们的严重质疑，将会有新的理解和诠释。

2. 对人类个体心理层面的影响

生物技术在发展和应用过程中，引发了人们对此类技术的强烈心理反应，大体可分为对生物技术的依赖心理和恐惧心理两类情况。人们对生物技术的过度依赖往往是对生物技术价值和功能的过度自信和盲目憧憬。但是，对生物技术或其他类别技术的过度依赖心理具有一定的消极意义，这也是一种负面的心理影响。因为一旦出现技术失灵的状况后就容易产生巨大的心理落差，让人们不能适应这种意外的现状。

其一，对生物技术发展的依赖心理。人们曾经推测，基因技术的应用可以减缓人体衰老的过程，也会延长人的生命周期，增强人的体质和功能。这就给人类老龄化社会带来了极大的希望，也强化了人类对生物技术未来发展的期待与依赖。人们的技术想象力已被生物技术的迅猛发展态势有力地激发出来，“基因决定论”的思潮再次浮现在人们的头脑中。有些人希望用基因编辑技术来设计后代的遗传特征，优化后代的体形、体

① 海德格尔．海德格尔选集（下）．孙周兴选编．上海：生活·读书·新知上海三联书店，1996：1238.

格、智力等遗传性状。事实上，人们已经自我沉迷于生物技术的美好发展前景中。在生物技术深度发展的背景下，优生学已经被人们分为“积极优生学”和“消极优生学”两类。前者的目标是要增加人类个体的理想基因和优良性状，属于人类增强的范畴；后者的目标是修饰有害基因，进而减少人类新生个体的生理和遗传缺陷，降低遗传类疾病的发生概率。在医学实践中，人们普遍赞同并接受选择具有优良遗传特征的后代，而注意避免产生有生理或遗传缺陷的后代。对此，国内有学者指出，在遗传缺陷修补和有意改善人体遗传素质之间的界线并不明显，人类可以在纠正遗传缺陷时，添加一些理想的人体遗传性状（如健康、漂亮、聪明等）。[①]总之，人们借助生物技术实现孕育优良后代的美好愿望，这会让人们更加信赖和依靠生物技术。

其二，对生物技术发展的恐惧。在生物技术发展的历程中，生物安全一直是社会的热门话题。生物安全问题，如超级杂草事件、玉米污染事件等一度增加了公众对生物技术的恐惧感。特别是在媒体上发布的多例用转基因食物喂养小动物出现问题的试验报告，在一定程度上强化了人们对生物技术发展的恐惧感。

在这个日趋发达又复杂难测的技术世界中，似乎一切奇迹都有可能发生。因此，人们从“克隆羊”出现的事实中进行了以下推测：如果对人类实施体细胞克隆技术，将会出现一种什么样的后果？是否会出现不同寻常的“克隆人”？因此，在生物技术应用过程中，有可能存在人们始料未及的不良后果，让人们产生焦虑、恐惧、不安和迷茫的感觉。[②]进而，在社会层面形成一类针对生物技术发展的恐惧现象。这些可能的负面效应不能被有效遏制时，就会使一部分人更加忧虑生物技术应用的悲观前景。

现代生物技术系统会存在一定的不完善性，这也引起人们对生物技术

---

① 葛秋萍，殷正坤．现代生物技术与人的异化．武汉科技大学学报（社会科学版），2001（04）：63−65.

② 刘科．转基因技术恐惧心理的文化成因与调适研究．科技管理研究，2011，31（06）：228−231+210.

的恐惧。这些恐惧源于人们对生物技术应用价值的怀疑、焦虑心理反应。现实的克隆技术、转基因技术产品不符合人们的心理和道德要求，就会在一定程度上给人们带来焦虑感。继人类基因组大规模基因测序工作完成之后，生命科学对人体基因间相互关系的探寻、对蛋白质功能的研究使得人类个体的发育过程更加明晰、更加具体，对人类思维领域的认识也会有重大的新进展。现代神经生理学的进一步发展及其相关技术的成熟，将在揭示人类精神世界的同时带来操纵人类意识的手段。将生物技术应用于操纵人类的意识过程，有可能会改变和影响人类复杂的意识形成机制。在医学实践中，利用生物技术进行精神病人的治疗与定向控制个体的心理也许只有一步之遥。在特殊的社会条件下，某种社会力量有可能利用生物技术定向改造或者“制造”出有特定意识、特殊情感的人。那些经过生物技术改造过的“人”又将变成私人拥有的财产。这样一来，人类的精神世界将会受到极大的挑战；在泯灭人性的同时，人类将失去自身存在的社会根源。

（三）生物技术对社会的异化

在社会实践中，人们有可能滥用生物技术，放大生物技术的消极作用，进而破坏良好的社会生活秩序。

1. 技术经济层面

第一，以生命科学研究为基础的生物技术有一个发展完善的过程，生物技术风险难以消除。目前，公众高度关注的转基因食品以及生物制药、基因治疗等领域存在许多难题。如转基因食物过敏、免疫排斥、跨物种感染、遗传物质缺失、基因表达障碍、营养成分改变以及潜在毒性等现实问题，对人体健康和生命安全都是极大的挑战，而这些问题迫切需要在科学技术层面去解释、预防和化解。

第二，生物技术产品的研发周期一般比较长。在进行生物技术研发时，需要配置更多的资金、人力和物力等。例如，许多国家都倾向于通过早日参与人类基因组计划，在生物技术领域展开新的经济技术竞争来谋求自身的发展机遇，力争在后基因组时代有所作为，占据生物经济发展的制高点。对生物技术发展的资金投入和人才倾斜已经成为事实，此类技术的发展占用了大量的科研资源。

第三，由于生物技术比较高的成本投入，其受益人群在一开始只能是少数人，这在一定程度上会影响技术公平的实现。具体说来，在知识含量和资金投入方面，生物技术往往要高出其他技术领域。因此，有机会对此项技术进行消费的群体在数量上毕竟是少数，往往是现实社会中的富裕阶层、权贵阶层。可见，生物技术的进一步发展也许会给已经过分强调商业成功的市场经济社会推波助澜，使社会资源流向呈现不同程度的失衡，最终因技术正义的淡漠而进一步扩大贫富差距。

第四，生物技术发展的专利保护影响科学家之间的正常交流。与其他经济部门相比，生物技术产业对专利保护的依赖性比较强，这就促使相关科研机构尽可能早、尽可能多地去申请生物技术专利。这种状况使得本来需要全社会合作研究与开发的生物技术领域成为一个相互保密、相互隔离的领域，不利于生物技术服务人类社会目标的及早实现。从全球来看，国家层面对生物技术发展制高点的激烈争夺，在一定程度上会影响生命科学研究人员之间正常的学术交流。

第五，世界范围内生物技术发展水平的差异和不均衡，有可能影响国际关系的健全发展。以生物技术为主导的新技术革命浪潮有可能拉大南北差距，会加剧发展中国家的贫困问题，可能出现“基因知识富国”与“基因知识贫国”的分化。一部分科技发达国家由于掌握先进的生物技术，利用发展中国家的丰富生物遗传资源，通过远缘杂交、基因重组、基因改造等培育出优质高产的农作物品种，再通过种子输出，占领国际农业市场。这些发达国家不但获取高额的利润，还通过申请专利将原产国的生物遗传资源占为己有。随着现代生物技术的发展，世界霸权主义和强权政治利用生物技术的发展成果在对发展中国家不正当掠夺中采取了比较隐蔽的形式。有资料表明，从 20 世纪 90 年代开始，有不少国外的生物技术研究机构，以开展联合研究、投资或控股中国的基因公司以及赞助“健康工程”等形式进入中国，公开采集中国人群的遗传疾病和其他遗传特性的基因资料。[①] 因此，发达国家的生物技术公司、研究机构恣意利用发展中国家提供的特有生物遗产资源，进行深度研究和开发，从中获得了巨大经济利益。但是，包括中国在内的大多数提供生物遗传资源的发展中国家并没有公平地分享权利。如上所述，这种行为不仅挑战了相互尊重、平等协商以及均衡、普惠、互利、共赢的国际政治经济新秩序，而且会影响人类社会整体的可持续发展。

2. 社会伦理层面

第一，随着生物技术的发展和应用，已经出现了侵犯个人基因隐私权的情况。目前，基因检测和基因诊断已经可以在医学、司法刑侦部门得到实际应用。通过运用 DNA 图谱方法，有关部门可以鉴定亲子关系、精确筛选犯罪嫌疑人。由于上述方法存在滥用的可能性，基因诊断、基因鉴定的程序、对象、权限和结果就引起了社会的高度关注。对个体遗传信息的采集、分析和鉴定过程，也存在干涉个人隐私权和自由权的风险。假如个人的遗传信息以及家庭成员的基因信息不慎泄露出去，有可能给受检者及其家属甚至后代的生活、婚姻、入学、求职、人身安全带来一定的隐患，乃至较为严重的社会歧视。在教育领域，如果把基因与学生的智商、情商、学习能力和发展潜能联系起来，不仅为教育工作者推诿教育责任提供了借口，更会给学生造成持久的心理创伤。在就业领域，比如美国一家公司曾对部分员工进行基因检测，对有一定基因缺陷的员工予以解聘。这种明显的基因歧视行为就严重侵犯了个人的就业权、生命权和隐私权，严重影响社会公平和社会稳定。

第二，生物技术的应用有可能会加剧社会分层。对人类社会而言，破译人类基因组密码的目的就是为了人类更好地认识自我、改造自我。上述改造既包括基因治疗，又包括对个体遗传特性的改变。通过基因的深度操

① 高崇明，张爱琴．生物伦理学十五讲．北京：北京大学出版社，2004：32.

作，是否可以在基因层面以优选和增强的理由重塑人群？是否会分化出具有“优势基因”和“弱势基因”的群体？是否会出现前者对后者的挤压和排斥？是否会危及人性的自然性和多样性？这些都是在哲学和社会层面值得深思和忧虑的问题。总之，生命科学家在努力开展多方面研究的同时，要力求使自己的研究成果能够被社会理解和接受。

第三，生物技术的发展对人类个体尊严的侵犯。生物技术的进一步发展及其社会应用，有可能改变人的存在方式，从而直接对人类生命尊严造成侵犯。生物技术对人类社会的进步基础也会构成一定的威胁，危及社会成员的个性及其多样性。现代工业的发展已经带来了不同程度的非个性化、非人性化的后天社会环境，形成了“单向度的人”和“单向度的社会”。例如，有人担心利用生物技术进行“人－动物细胞融合”的研究会侵犯人类个体的尊严，进而挑战社会伦理秩序。从道义论视角看，康德明确指出：人，一般说来，每个有理性的东西，都自在地作为目的而实存着，他不单独是这个或那个意志所随意使用的工具。在他的一切行为中，不论对于自己还是对其他有理性的东西，任何时候都必须被当作目的……于是得出了如下的实践命令：你的行动，要把你自己人身中的人性，和其他人身中的人性，在任何时候都同样看作是目的，永远不能只看作是手段。[①] 但是，在高度技术化的社会中，人们往往倾向于把很多事物都视为工具和手段，却遗忘了目的本身。

人类的尊严往往体现在人为自己确定目的并且为实现这些目的而行动的能力之中。一些西方学者把人的尊严概念应用于人的受精卵、胚胎和胎儿，也扩展到人类细胞占多数、因而可能具有“人性”的人与动物的嵌合体上。从理论上讲，人类生命个体的技术物化、工具化和过度操纵，其实就是对人的技术异化，无疑会降低人之为人的价值和尊严。长此以往，人类作为道德的主体地位就会下降。在当今对人类生命个体的技术操作已经变得非常普遍的时代，确有必要对这种技术行为的道德层面进行深刻反

① 康德．道德形而上学原理．苗力田译．上海：上海人民出版社，2002：46-47.

思。国内有专家不无忧虑地指出，如果别有用心者将人兽嵌合体的胚胎移植到人类子宫发育，就有可能产生出一个人－兽杂交种，这将是一个涉及人类尊严、人格完整性的伦理问题。另外，许多人更为坚决地反对将人的配子与动物的配子进行混合去尝试产生什么“杂交物种”。

第四，生物技术发展对人类社会伦理秩序的挑战。在对克隆技术的争议中，人们就担心“克隆人”的出现会带来许多伦理困惑，如对家庭结构及关系会造成不良的影响。假如克隆技术用于人类生育领域，将会改变人类传统的社会家庭组合形式，“克隆人”的家庭成员身份也难以认定：“克隆人”与细胞核供体既不是传统意义上的亲子关系，也不是传统意义上的兄弟姐妹般的同胞关系。从遗传基因看，“克隆人”与“原型”（细胞核供体）两者在生物属性上基本相同，“克隆人”可视为“原型”的同卵双胎；另外，从出生关系上看，“原型”又似乎是“克隆人”的长辈，从而出现亲子悖论。[①] 因此，上述问题在伦理上无法定位，无法纳入现有的伦理体系。对此问题，英国科学家维尔穆特对媒体说，设想我的妻子与我和一个复制的“我”三人生活在一起，那就会产生一个不同寻常的尴尬关系。因此，必须坚决反对克隆人。[②] 维尔穆特是发表克隆羊实验成果的科学家，他反对克隆人是因为他深知与此技术相关的社会问题具有复杂性。

人－动物嵌合体实验模糊了人种的界限。在人们固有的观念中，同种动物之间才能交媾和产生后代；相反，异类相交，甚至是乱了代际的人类交配都属于乱伦，将引起社会秩序、伦理秩序的混乱。上述行为属于人类的重要社会禁忌。人们在正常心理上根本无法接受，人类社会也会严厉禁止此类行为。尽管在人－动物细胞融合实验中混合的只是细胞，或者准确地说只是遗传物质（基因或 DNA 片段），但这在逻辑上与异类相交没有什么实质上的不同，至少是在细胞或分子水平上的人兽杂交。虽然人－动物嵌合体胚胎的形成主要以人的体细胞核遗传物质为主导，但动物卵细胞

① 刘科．后克隆时代的技术价值分析．北京：中国社会科学出版社，2004：185.

② 华健．美国居然有人要克隆人．国外科技动态，1998（02）：3+44.

质中的线粒体 DNA 对混合胚胎的形成也会起一定的作用。那么，既有人类遗传物质又有动物遗传物质的嵌合体，到底具有什么特性？是“人”抑或是“兽”？这些问题必然会涉及对人－动物嵌合体本体身份的认证，进而引发一系列其他问题：人们应该赋予“人－动物嵌合体”什么样的社会地位、道德地位和法律地位？它是否超越了物种的自然界限而导致物种模糊？它是否破坏了物种的整体性和独特性？甚至有人超前设想：当人兽混合体具有人类思维却不能行使人类的功能时，它会想什么？做什么？它会心甘情愿地接受人类社会的安排和管理吗？上述问题尽管还不是事实，但却存在逻辑上的可能性。总之，人们为这些虚拟的、棘手的非技术问题争论不休，在短时间内也难以形成共识。

四、生物技术异化的根源

作为一种知识体系与社会实践，生物技术有其不断发展和完善的过程。生物技术的发展成果既可以造福人类社会，也可能给人类社会带来难以预料的风险和灾难。因此，我们不能停留在表面去分析生物技术的异化根源，要从更深的层面去挖掘。唯有如此，我们才能提出有效解决问题的对策建议。

（一）生物技术异化的科学根源

从生物技术的产生来看，它要受自然规律、生命规律的支配。生物技术的应用过程也是人们干预自然界原有生命秩序的过程。因此，人们在认识生命和改造生命的过程中要遵循各种客观规律。当人工生命取代自然生命时，生命世界的发展秩序就受到了深刻的扰动。可见，生物技术异化与生物技术的发展具有一定的共生性。生物技术的发展本身就内含了给人类社会和自然环境带来挑战的可能性。人们对生命运动规律的认识、理解和应用是一个不断发展和完善的过程，这就决定了生物技术的复杂性、局限性和不确定性。随着生物技术应用社会环境的变化，人们对生物技术的误用、滥用会出现超越生物技术本来目的的社会后果。例如，人们当前无法全面把握转基因食品对人体健康的影响，特别是不能排除潜在的危害。因此，人们很难在一开始就能准确预测生物技术应用后所产生的各种长期后果。

随着人－动物细胞融合实验的开展与舆论传播，人们对其未知风险的忧虑却有增无减。即使是研究人员也对实验潜在的风险在事实与逻辑两个维度作了预先评估。从总体上看，生物技术手段不成熟蕴含着许多实验风险。尽管人－动物细胞融合实验的报道不断出现，人们却无法否认此类实验的可重复性低、成功率低的事实。目前，此类实验尚无更多的同行认证和研究成果来支撑，其技术操作的可行性和安全性依然没有得到根本解决，与人们乐观设想的真正医学实践还有非常漫长的距离。相关研究者认为，目前存在的问题是嵌合体获得率还比较低，还需要寻找更好的嵌合体分析标记。成功实现胚胎干细胞途径的只有部分品系小鼠。在许多大型动物方面，建立稳定的胚胎干细胞系还未成功。[①] 目前，这类探索性实验存在诸多由知识空白和技术操作不成熟带来的风险问题。这些可能存在的生物风险就成为人们质疑乃至于反对进行人－动物细胞融合实验的重要理由。这也敦促科研人员在上述实验中要采取更为谨慎、更为负责的科研态度，特别要具有前瞻性、风险性、底线性思维。

（二）生物技术异化的主体根源

1. 人类认识水平的局限性

随着人类社会的发展和进步，人类的认识能力、知识水平在不断提升。但是，在一定的历史阶段，人们对自然界、生命体和人类社会的普遍联系和辩证发展规律的认识具有一定的片面性。对此，恩格斯指出：我们只能在我们时代的条件下进行认识，而且这些条件达到什么程度，我们就认识到什么程度。[②] 同样的道理，人们对生物技术的应用在认识和实践层

---

① 马芸，陈系古．嵌合体动物技术研究进展．中国实验动物学报，2002（04）：61-65.

② 中共中央马克思恩格斯列宁斯大林著作编译局．马克思恩格斯选集：第三卷．3版．北京：人民出版社，2012：933.

面也具有历史性和阶段性。有学者指出，人的认识是一个历史的概念，是随时空的变化而变化的时间函数。一定时代的主体只能在该时代所提供的物质、精神和社会条件下，在一定的范围和程度上对事物进行有限的认识活动。因此，主体难以完成对未来的科学发展超前预见。[①]当前，出现生物技术异化现象从侧面也说明科技工作者对生命规律的认识具有一定的局限性，在生物技术实践中不能完全理解和驾驭此项技术的应用方向和发展后果。

2. 人类技术价值观的片面性

人类的任何社会实践活动都会受到一定价值观的引导。工业革命发生之后，人们就长期坚信"技术万能论"的观点，认为只要有了技术手段，就几乎没有人做不成的事情。人们也曾长期盲目地陶醉于认识自然、改造自然界的胜利之中。在这种狭隘甚至有一些偏激的技术价值观引导下，人们片面地追求科学技术的进步和经济总量的增长。在社会实践中，工具理性日益占据了人类精神领域的统治地位，而价值理性日益被漠视、被边缘化。具体说来，人们在开发和利用生物技术时会受到价值观的影响和制约。人们具有什么样的价值观，就会导致什么样的生物技术活动取向。正如爱因斯坦所说：科学是一种强有力的手段，怎样用它，究竟是给人类带来幸福还是带来灾难，全取决于人自己，而不是取决于工具。[②]如此看来，科学技术活动需要价值理性的积极引导。价值理性体现人类的价值观念和价值评价，在具体的社会情境中反映社会物质生活、政治生活、精神生活和文化生活对人们的影响。价值理性是追求目的合理性的价值观，它强调人的主体性，既关注眼前利益，又重视长远利益。[③]在不正确价值观的引导下，人们会为追求利益而滥用、误用生物技术，使之成为打破自然界、

① 成良斌．论悖论对科学发展的影响．科学学与科学技术管理，2004（04）：11-14.

② 爱因斯坦．爱因斯坦文集：第三卷．许良英，赵中立，张宣三编译．北京：商务印书馆，1979：56.

③ 刘科，李东晓．价值理性与工具理性：从历史分离到现实整合．河南师范大学学报（哲学社会科学版），2005（06）：42-45.

生物界平衡的工具，成为人类生存危机、社会异化的根源。因此，人类只有理性地使用生物技术，才能更好地获得生存和发展的机会。

（三）生物技术异化的社会根源

在当今社会，生物技术事业作为一种科学的社会建制，越来越多地服务于国家和社会的现实需求。例如，许多国家就把生物技术的开发和应用作为世界新一轮经济竞争的重要目标。在现实生活中，由于缺乏完善的法律监督和道德约束，再加上一些生物技术企业过分追求自身经济利益，就出现大量误用生物技术成果的现象。这种现象往往脱离人文价值和道德律令，产生了诸多令人忧虑的技术发展后果。另外，由于社会文化的差异，生物技术应用于不同的社会环境，也会产生不同的社会后果和社会反响。由于人类社会存在着不同的价值主体，因其教育文化和社会背景不同，其认识问题的方式必然存在着一定的差异，这可能是导致价值观冲突的重要原因之一。比如特定宗教文化传统禁止食用某些动物物种。如果通过转基因技术导入上述禁食物种的外源基因，会遭到相关宗教信仰人士的反对。

任何一类技术活动都是以人类为主体的具体的、复杂的社会实践活动。在此过程中，人类的价值观会对技术活动起重要的选择和定向作用，推动技术由潜在形态转化为现实形态。有学者认为，日益发展的世界的整体性、复杂性向人们展示了崭新的时代要求，要求人们站位高远，从多学科交叉融合中寻找解决困惑的路径。[①] 因此，我们需要从哲学、伦理学、政治学、社会学、文化人类学等跨学科的价值视野来关注生物技术的发展和社会应用，进而努力削减其产生异化的社会根源。

① 余良耘．技术追问的三个维度．科学技术与辩证法，2005（03）：66-70.

第三节　生物技术恐惧产生的心理背景

一般说来，恐惧是人类的一种基本心理，对个体的知觉、思维和行为均有显著的影响，在人类基本情绪中具有强烈的压抑作用。在人类进化的历史上，恐惧有助于唤醒个体主动回避危险的意识。研究表明，人们的许多恐惧形式大多是通过后天经验而形成的。换句话说，尽管人们对危险和威胁会产生一种近乎本能的恐惧反应，但对于危险和威胁的认知却来自生活经验的积淀，是一种后天习得的结果。上述观点有助于我们分析生物技术恐惧现象，有助于我们对这种心理进行有效的社会调适。因此，我们需要分析人们的经验知识和所处的社会环境如何影响生物技术恐惧的产生，也需要分析生物技术恐惧产生的过程和机制是什么。

一、人们对生物技术变化的恐惧

在人类成长的早期，人类所遭遇到的任何未知事物都有可能潜伏着危险。当时，如果人们不能对那些危险对象保持适度的警觉、回避，就有可能被自然界无情地淘汰。在人脑进化过程中就产生了恐惧的驱动模式，会随时唤醒个体对变化的环境做好应对准备。环境的变化程度、变化时间都与恐惧强度呈正相关关系，并且使恐惧心理保持强大的惯性。这就是说，即使人们后来认识到环境的某些变化对人类的生存并不构成威胁，人们仍然持有这种恐惧心理，只是朝着恐惧强度较小的方向发展，到完全消失则需要一定的时间。

人们为什么会对生物技术的发展产生恐惧？主要是因为生物技术带来了巨大的社会变革。在这个全新的生物技术世界里，有许多现象都是人们未曾经历过的，与人们已经熟悉的经验世界有很大的差异，而且人们难以复制、迁移已有的经验来理解和认识这个新的技术世界。因此，生物技术世界就与人们固有的心理世界存在一个屏障，让不少人对它产生了一种分离和陌生的感觉。有学者指出，人们普遍会对新技术产生恐惧心理，这种心理构成了批评和反抗技术的重要心理根源。①尤其是当这些技术改变被迫进行时，就更容易使人们产生痛苦、烦恼，甚至产生对技术的抵制行为。例如，转基因技术的发展及其在农业领域的推广应用，就有可能在很大程度上改变传统农业的种植方式和生产方式，也会改变人们的食物结构。此外，用转基因技术生产出的高效分子药物会改变传统治疗方式。上述改变将把人们带进一个崭新而又陌生的境地。②类似地，一旦"克隆人"出现将会严重挑战人类的生育观念，颠覆人类的生育模式，将极大改变现有社会的家庭结构。"克隆人"的出生身份比较复杂，现有的伦理体系、法律体系都无法对其进行合理解释。上述问题对人类社会来讲都是新颖的、具有挑战性的时代课题。因此，在技术发展的历史上，没有哪一类技术如同生物技术这样能够深刻影响人类的生命本质和伦理秩序。现代生物技术的发展既影响了人类的外在关系，又可以改变人体自身以及后代。现代生物技术所蕴含的社会影响力量如此巨大，已经远远超出了人们的预想。当人们在短时间内不能充分理解和接受这种变化时，这种变化给人们带来的恐惧将是超前的、巨大的。

如果想要减少生物技术恐惧，就要从提高公众对生物技术变化的认识和接受入手。显然，具有较强守旧心理的人，容易引发面对生物技术变化的恐惧。需要培养公众与时俱进的科学素养，使人们对现代技术社会快节奏的发展和变化有一个心理准备。另外，要在生物技术本身的发展速度与社会接受程度之间寻找一个平衡点。学者福山认为，如果技术变革的速度大大超越了社会调整的速度，人们便不能很快适应这种变化。相反，人类

---

① 陈红兵．国外技术恐惧研究述评．自然辩证法通讯，2001（04）：16-21+15.

② 刘科．基因技术实践忧患的人文向度解读与消解路径．河南师范大学学报（哲学社会科学版），2007（01）：143-147.

能够在过去漫长的历史过程中不断调整自己的存在方式及精神生活，是因为人类有比较充分的时间让自己完成这种调整，并积极适应新的生活方式。[①] 生物技术的快速发展的确给人们带来新的生产方式和行为方式，但人们对其需要有一个逐步认知的时间和空间。

如果人们要适应生物技术发展带来的变革，就必须改变自己的固有观念和行为习惯。如此，就与人们长期形成的观念和习惯出现了一定的偏差。相比于社会存在，社会意识的改变往往具有一定的滞后性。当人们在短时间还不能清晰地认识和理解生物技术的发展变化及其社会意蕴时，就会引起困惑、争议、不满甚至是恐惧。例如，人类生育的技术化的本质是什么？如何判断转基因食品的安全性？如何看待人体基因增强的合理性？在对上述问题进行争议的过程中，人们的内心会对现代生物技术的发展充满疑惑。上述困境就为人们形成生物技术恐惧心理创造了客观条件。

心理学研究表明，人类的恐惧关涉无知与不确定性。人们对现代生物技术的不确定性以及对新技术的不了解致使恐惧感在人类社会生活中日益增加。但是，通过社会性学习以及人类自身技术体验的增加，又会弱化甚至消除生物技术恐惧。总之，生物技术的发展过程也是一个不断克服生物技术恐惧心理的过程。

二、人们对自由剥夺情形的恐惧

在人类而言，剥夺自由就几乎等同于剥夺逃避风险的能力，就会使自身陷于某种绝境。因此，人类从本能上恐惧自由的缺失。假如遭遇不可控事物的影响，就会引发人们对自由剥夺的恐惧，深感自己处于被支配和控制的地位，丧失了主动性和创造性。令人忧虑的是，现代生物技术的发展为人们的“自由剥夺”提供了巨大的可能性。已经有科幻类作品详细地描述了生物技术控制人类的恐怖场景：在未来社会，既可以在“生物工厂”

---

① 福山．大分裂：人类本性与社会秩序的重建．刘榜离，王胜利译．北京：中国社会科学出版社，2002：3-5.

的流水线上设计和生产人体，又可以设计其大脑和意识。这就是说，人类的意识可以被操纵利用，个体意识的独立性、自主性将会消失。如此看来，这种生物技术路线由于缺失人性的社会基础而显得过于悲观，但其具有的现代警示意义却不容忽视。例如，现在有越来越多的各种精神药物面市，如抗抑郁药“百忧解”和“左洛复”的发明与生物制药的关系比较密切。某些特定的人群依赖上述药物治疗精神疾病的同时，也反映了生物技术发展对人类精神的干预在逐步增强。又有谁能保证在将来没有人利用生物技术及其制品来操纵和控制人的精神世界呢？当今动物转基因技术的成功让人担忧已有的“设计婴儿”目标可能会实现，也会得到深度发展。未来人类社会可能会因为这类技术的广泛使用而分化出“基因贱民”与“基因贵族”两个群体，使得人在出生前就处于严重不平等的社会地位，丧失了改变自己社会角色、社会阶层的自由与能力。另外，目前多种转基因食品已经走上人们的餐桌，面对这个趋势，那些对转基因食品存有疑虑以及强烈要求知情权的消费者群体，也许最能体会这种“自由剥夺”式的恐惧心理。当然，在强大的生物技术发展面前，个体的力量显得过于弱小和卑微了。

事实上，绝大多数的技术类别都有剥夺人自由的可能，而不仅仅是生物技术。马克思早就预见到，当技术在社会层面出现异化时，它就不再是解放人而是束缚人的工具。在现代社会，由于社会分工和受教育程度的不同，出现了少数人组成的技术专家群体，他们具有专门的知识和技术方面的稳固优势，往往会被占大多数的社会公众仰慕和信服。如果涉及某个具体的技术领域，大多数的社会公众因为知识和信息的匮乏而处于弱势地位。在以科学技术发展为重要价值导向的世界图景下，公众不得不去信任和依赖那些技术专家。但是，并非所有的技术专家都具有很高的社会公信力。人们带着许多困惑，唯唯诺诺地去遭遇这种尴尬的局面，人们的自由选择机会已经被科学技术手段剥夺了许多。

三、人们恐惧情绪的感染性和放大性

在特定的社会环境中，个体的喜怒哀乐等情绪都可以在较短的时间从一人传染给其他人。在社会交往过程中，一方的情绪或行为往往会引起对方的相似反应，最终使交流双方获得几乎一致的情感体验。人们之间的情绪感染有助于人们建立起比较牢固的社会联系，对人际和谐、社会交往具有一定的促进作用。在社会生活中，积极愉悦的情绪或负面消极的情绪都有可能通过人际感染在社会层面得到更大范围的扩散。

人们在之前已经设想了许多有关生物技术发展的可怕后果。但是，那些可怕的后果只是停留在可能的层面，大多数情况并没有实际发生，这说明人们此前的生物技术心理反应显得过于强烈了。之所以出现这种情况，是因为人们的生物技术恐惧情绪在相互感染过程中得到不断强化和扩大。此外，媒体和影视业在这个过程中也担当了重要的角色，他们不但误读了生物技术的社会价值，还常常将其“妖魔化”，夸大了生物技术的负面影响。他们这样做的目的就在于吸引公众的注意力，追逐着“眼球经济”的利益，进而通过热点、卖点的营销而赚取收入。但是，上述行为在客观上加深了公众对生物技术发展前景的恐惧感。在公众想象力的作用下，这种逐步加深的恐惧还会继续酝酿放大。与此同时，人们又将这种生物技术恐惧情绪传递给其他人，最终引起一定社会范围的群体性技术恐惧甚至技术恐慌。

四、人们具有永恒的安全情结

对人类个体而言，生死问题关系到人本身，极为重要和敏感。这与人类终极性的死亡恐惧密不可分，与之相应的是人类对生存和安全的永恒追求。在此心理背景下，人们特别重视转基因食品和医药技术的安全性问题，人们还要努力回避其中的致命因素。当前，人们的生物技术恐惧源自人们的假设与演绎，也有一些事实依据。例如，当科研人员在改变某一种生物的基因结构时，这种生物的自然性就被打破了，出现了新型的生物结构和性状，这是一种人为的生命奇迹。生物技术行为引发的问题是：我们如何去确定新型生物的安全性和稳定性？在转基因技术的变革中会不会潜伏着“异形”一样的怪物？众所周知，在人类过去的历史中毕竟发生过诸多技术被滥用、误用的悲剧。在这场席卷全球的生物技术革命中，为了人类生存和发展的安全性、可持续性，我们要竭力避免历史悲剧的重演。

五、人们对自然性的心理偏好

在人们通常的认识和思维习惯中，似乎“自然的”“天然的”就是“安全的”，而“非自然的”“工业化的”“人工的”就包含着“不安全性”。这使得现代人对食品的选择更倾向于“绿色的”“有机的”标签，而不是“转基因的”“人工合成的”标签。但是，自然界中的不少植物、动物也会产生毒素，或成为人们的致敏源。

生物技术产品从源头上讲具有明显的“非自然性”，其安全性就理所当然地受到了人们的质疑。人们在忧虑各种转基因食品的安全性时，却忘记了人类社会当前食用的任何一种生物类制品，都已经在几千年的农业、畜牧业生产实践中经过了人工选择、杂交育种、物种迁移和物种驯化等过程。也就是说，在转基因技术出现之前的农业植物品种和畜牧业动物品种已经有别于古代的物种。根据考古研究成果，中国水稻的种植历史已经超过一万年，在这个漫长的历史中，水稻品种会一成不变吗？难道没有在农业生产实践中得到品种改良和丰富吗？但是，人们对上述物种在农业生产实践中的改变却没有提出什么异议，也谈不上什么恐惧。

第四节　生物技术恐惧产生的文化背景

从技术文化的视野来看，人们生物技术恐惧心理的产生有着较为明显的历史线索和深厚的技术文化背景，这不是一个偶然产生的现象。

一、弗兰肯斯坦综合征的出现

19世纪以来，在西方社会出现了不少反乌托邦作品，内容涉及反思和预测科学技术发展的社会后果，也是对技术化社会的深刻反思。特别是有一些作品描述和展示了生命科学和生物技术的未来发展前景，包括被误用、滥用的恐怖情景。玛丽·雪莱在《弗兰肯斯坦》中通过大量虚构的恐怖事件和场景，演绎了一名青年科学家弗兰肯斯坦的悲剧故事和灾难后果。弗兰肯斯坦刻苦学习，揭示出生命的奥秘。他努力研究和试验，他试图制作人类个体，未曾想制作出了杀人魔鬼。弗兰肯斯坦不能正确对待其试验对象，无法控制自己制造出的“怪物”，也无法阻止“怪物”罪恶的报复行动，局面由此开始失控……事实上，这部作品从侧面反映了人们潜伏在心的魔鬼式“造人”心愿。人们无法抵挡自己用科学技术手段来“造人”的好奇心，却又无法有效控制这种行为所引发的恐怖后果。总之，这部作品从侧面反映了人们对即将到来的科技革命的恐惧感，从人文向度对科学技术发展的社会后果作了深刻的理论思考。

在西方技术文化中，Frankenstein这个词语具有极其重要的社会影响。以Frankenstein故事为模板，许多作家和艺术家的创作灵感激发，产生了大量小说、电影及漫画作品等，具有广泛的文化影响。对此，罗林认为，弗兰肯斯坦的故事在社会层面引起了广泛的共鸣，表达了人们对科学技术应用后果的恐惧与疑惑，让人们为之震惊，看到科学技术征服一切的力量。[①]20世纪初，同名科幻电影上映，在社会层面向公众广泛传播了“造人”这一技术文化主题。至此，Frankenstein一词成为一种咒语或警告：不管人类能否做到，都不要去扮演上帝！从古至今，在不少智者看来，对生命的控制和创造是一种不吉祥的行为，而控制和创造生命的力量是充满邪恶的。就如弗兰肯斯坦的故事所言，“怪物”一旦被无意中创造出来，人们无法控制，必将追悔莫及。对科学家来讲，在实施有关生命科学实验

① Rollin B E. The Frankenstein Syndrome：Ethical and Social Issues in the Genetic Engineering of Animals. Cambridge：Cambridge University Press，1995.

之前，最好多用时间去仔细地想一想这个实验意味着什么，或将带来什么。这其实在告诉我们，在开展科学研究事业时，在开拓技术创新时，谨言慎行同样是一种必不可少的科学研究态度，甚至是一种负责任的社会态度。

由于克隆羊的出生，“克隆”一词为人们的内心世界增添了一丝恐惧色彩。人们从技术文化、伦理和法律等角度对“克隆”一词进行解读。克隆羊“多莉”的出生经由媒体报道之后，在世界范围引起了一场巨大的“克隆风暴”。这只羊源于动物体细胞核移植技术（即无性繁殖技术，俗称“克隆技术”）的出生方式，让许多人感到不安和恐惧。从表面上看，人们似乎在为一只出生方式独特的小羊而激烈争议。实际上，这反映了人们对突如其来的生物技术时代感到心理恐慌，并没有做好迎接的心理准备。一般说来，公众由于没有专门的科学背景知识去认识和理解一项新技术及其产品的社会影响，产生恐慌和疑虑也在所难免。事实上，人们还没有认真思考生物技术的发展给人类社会能带来什么？又意味着什么？

由于生物技术涉及对人类生命体的深层次操纵，它在西方社会已经引起很大的文化恐慌，人们忧虑生物技术会消解人类社会文化的根基。生物技术可能使生命不再神圣，可能使人类的尊严不复存在，可能使人类的中心地位受到贬低，可能使人类社会的伦理秩序受到破坏……近几十年，绿色和平组织等基于自身的生态政治理念，也在向社会不断宣传转基因农产品的生态危害、健康危害等。这些言行都在不断扰动人们对生物技术发展的敏感神经，强化了人们对生物技术发展的恐惧心理。

赫胥黎在《美丽新世界》一书中，用较为翔实的生物学和心理学知识设想了福特纪元 632 年（即公元 2532 年）的社会情景——存在一个完全由生物技术控制的社会，实行人工计划生育，利用生物技术控制每一个胎儿出生后的身体特征、阶级和工作，人类逐渐丧失了个人情感和思考的权利。类似的作品都用夸张的语言对生物技术恐惧进行逻辑演绎，具有很强的恐惧情绪感染力，也包含了很强的技术忧患意识和风险意识，激发了人们对生物技术发展的批判性思维。

随着近代科学革命和工业革命的发展，西方技术文化也逐渐萌生。其中，用科学技术手段“造人”的设想就成为技术文化密切关注的一个话题。西方技术文化特别关注生物技术的负面效果和影响，人们早就开始忧虑如果“造人”失败，反而造出“怪物”和“魔鬼”怎么办？因此，“克隆人”问题正是置于这种技术文化背景下进行考量，才给人们带来强烈恐惧的心理感觉。对“克隆人”问题的思考，实质上是对生物技术本质和价值多元化的思考。总之，在西方社会已经引发了一种比较普遍的“弗兰肯斯坦综合征”，其实就是生物技术恐惧心理在社会扩散的表现。当下，这种对生物技术发展产生普遍忧虑的情绪正在向全球范围蔓延。

二、科幻影视作品对生物技术恐惧的设定与演绎

当前的生物技术恐惧往往具有超前预期的特点，它先于生物技术的实际社会后果而产生。换句话说，在生物技术发展和应用尚未对人类造成实质性伤害时，人们对它的恐惧心理就已经产生了，这可以说是一种经由逻辑推演的虚拟恐惧。有学者认为，人们往往不再依赖于真实的人际传播，而是被媒介左右。当前，媒介信息构筑的场景取代了人们的真实体验。在媒介高度发达的社会里，社会公众无法脱离媒介来理解什么是真相，正是媒介将真相带至人们的眼前；普通人无法脱离媒介来认识各种风险，正是媒介设计和安排了社会风险论题，让人们看到了风险的样态和存在。换句话说，许多人正是通过媒介而不是事实，接触并扩散了生物技术恐惧的概念。

西方社会特有的技术文化推进了生物技术的虚拟恐惧现象。一些针对科学技术发展的反乌托邦影视作品和文学作品，对生物技术的社会形象在不经意间进行了“污名化”处理，这类被放大了的生物技术负面形象会给人们带来更多的恐惧心理。

具体说来，有不少科幻影视类作品以高新技术发展为主题，演绎技术

的负面影响，让人们对高技术产生难以消除的恐惧心理。在一些影视作品中通常会设计以下相似的情节：在未来科技十分发达的社会，由于人性的扭曲或利益阶层的严重冲突，掌握某种高技术的人或组织反叛人类社会，给人类社会带来风险、灾难和挑战。于是，另外一股正义的力量与之斗争，正义终于获胜。这样的故事告诉我们，高技术的应用后果完全取决于人，取决于人们的价值观念。如果人们对技术使用的价值观念出现偏差，就会使技术的负面影响加大，进而危及人类社会或人类自身的安全。现代生物技术的发展也为影视从业人员提供了新鲜素材和创作灵感，他们就设想出一些别有用心的人利用生物高科技从事犯罪的故事。影视从业人员利用数字技术、计算机仿真技术等，在许多专业技术人员的协助下，对未来生物高科技发展的前景与风险进行充分演绎，不断刺激观众的感官和神经。

在克隆风暴发生不久，电影业及时制作发布科幻影片《第六日》《克隆人的进攻》等，为观众设想了未来克隆技术世界的情景，演绎了利用“克隆人”犯罪的概念。然而，无论是正常人还是克隆人都有一个从胚胎到婴儿、从婴儿到幼儿等一系列的生命成长周期，也有一个接受教育并逐步社会化的漫长过程。因此，我们不能把成年人的克隆体简单地视为成年人，我们不能无视“克隆体”与“原型”之间存在的时空差异。即使在将来能够通过技术手段实现“克隆人”，但由于“克隆人”的生长环境、教育环境和社会环境已经发生了巨大的变迁，除了外貌与被克隆者相似之外，在智力、行为、性情等诸多方面都会有很大程度的不同。从本质上讲，影视作品终归是影视作品。但是，上述作品通过电影院线的推广和网络传播，受众面大，会产生比较广泛的技术心理影响。这很容易使人们对生物技术特别是克隆技术等产生较多的恐惧感，甚至给人们强化了未来生物技术发展的“恐怖，又缺失人性”的负面形象。

又如，一些轰动一时的社会灾难影片是以致命细菌或病毒入侵人类社会为主题，制作并演示了因生物的入侵和扩散不断夺去许多鲜活生命的恐怖场景。比如《卡桑德拉大桥》《恐怖地带》《惊变 28 天》和《生化危机》

系列影片反映了在生物感染面前，人类面临严重的生存危机和致命威胁，人类必须同瘟疫进行彻底而有效的斗争。这些作品由于把科学幻想与现实社会中曾经发生的疫情融为一体，唤醒了人们对生物恐惧的历史记忆，激起了人们对生物恐惧、生物技术恐惧的普遍关注，这种恐惧心理挥之不去。

从积极意义讲，上述作品促使人们对未来可能的生物灾难、生物安全问题进行积极的思考和有效的防范，对现代生物技术文化的塑造和传播起到了重要的推动作用。在《最后一个人》《苍蝇》和《侏罗纪公园》等作品中，电影制作人借助多媒体、数字成像等技术手段，演绎了食人兽、恐龙和突变体等虚拟的生物技术恐惧形象，构建令人震撼的场景，形成强烈的视听冲击效果。可以说，在赚取高额票房收入时，影视业渲染了生物技术的负面形象，给生物技术蒙上一层罪恶的面纱，在公众的思想意识中平添了许多恐惧感。通过艺术夸张而增添煽情色彩，影视业人士主观营造了这种生物技术恐惧氛围，对生物技术及其社会价值的认识具有一定程度的误导作用。人们对“克隆”一词产生了广泛的排斥心理，是因为受到悲观绝望的科幻故事和电影的熏陶。不可否认，这类作品在社会舆论层面影响了人们的生物技术态度，进而通过舆情对科技政策产生一定的影响，甚至使相关的生物技术研究有所停滞。

人们的生物技术恐惧感被各类媒体在内的社会文化传播系统日益强化。自 1997 年“克隆羊”出现以来，一些媒体印制了以下画面：“希特勒”式的人物被克隆出来，重新返回这个世界，世界面临着严重的威胁……当然，这是人们通过电脑合成制作出的图片。这些合成图片却给人们带来不祥的感觉：似乎动物克隆技术的发展将会打开潘多拉的盒子，形态各异的妖魔鬼怪会跳出来给人类社会带来危害。在这样的社会舆情中，许多国家纷纷表示坚决反对“克隆人”，甚至一些国家采取立法手段明令禁止制造“克隆人”。“克隆人”成为生命科学研究的一个“禁区”，不允许科研人员去任意跨越，否则会受到法律的严厉制裁。

需要说明的是，在现代社会有不少人特别是青少年喜欢接触一些充满刺激、离奇、恐怖甚至骇人听闻的事物，从心理上排斥平淡无味的生活。因此，为了满足和迎合人们的猎奇心理，一些信息媒介就想方设法通过高科技手段去营造刺激和恐怖的场景。可见，生物技术恐惧通过现代媒介可以在更广的时空范围内蔓延开去，感染了更多的社会群体，使人们陷入生物技术发展的悲观前景中。

因此，在生物技术发展尚不完善的前提下，那些过度的、不适当的宣传是引发人们产生生物技术恐惧心理的一个重要原因。在媒介和人们自身认知局限的双重作用下，生物技术恐惧心理被人们无限放大、日益加深，进而让人们从心理上抵触生物技术及其产品。究其实质，人们强烈的心理反应背后不是针对生物技术本身的不满，而是忧虑这类技术发展给人类社会带来的未知隐患，特别是忧虑这类技术破坏性、消极性的影响。对于现代人来讲，生物技术的未来可能是陌生的、未曾经历的，会存在很大的不确定性。人们对生物技术不确定的未来前景表示忧虑，这本身也受到了生物技术恐惧文化的影响。

三、生态政治文化的影响

当下，人类的生存和发展日益受到全球生态危机的严重影响。在全球范围内，“保护环境”“绿色发展”“协调人与自然之间的关系”等生态权益诉求正逐步成为人类社会的共识，也成为各国政府在治国理政方面的重要职责和任务。在此背景下，生态问题被日益政治化，出现了诸多以生态权益保护为旗号的绿色政党和绿色社会组织。在社会舆论和社会心理中，也随之形成了生态政治文化。这种生态政治文化的社会影响非常深远，很容易得到普通社会公众的积极响应和社会舆论的广泛认同。在生态政治文化的影响下，人们保护生态的热情很容易被激发、被放大，人们会自觉地对可能危及生态环境的技术产品和技术行为进行强烈抵制。

在转基因农作物大面积推广应用的过程中，一些绿色组织基于转基因农作物可能会产生的生物安全和生态环境问题，批评农业转基因技术的推广应用。基于生态政治的视角，有不少人反对转基因农产品的种植、加工和贸易。这些言行赢得不少社会舆论的赞许。这充分说明，生物技术产品的安全评价至今仍然是一个十分复杂、困难的问题，其中包含了许多经济、贸易、生态保护、公众社会心理、消费文化和技术文化等因素的影响。如此看来，由于生物技术自身的特殊性已经形成了错综复杂的技术与社会关系。

四、知识界对生物技术社会问题的关注与反思

20世纪中叶以来，越来越多的人文学者基于生物技术异化程度加深所带来的负面影响而感到忧虑和不安，因而把现代生物技术作为理性批判与反思的一个重要对象。众所周知，随着生命科学的深度发展，科研人员对生命的本质和规律有了更多的认识和把握。在生命科学纵深发展的基础上，人们对生命个体的遗传操作能力更强大、更精准、更有效。现代生物技术在农业、医疗、制药、环保和食品等领域开拓了许多新产业，对人类个体和社会产生许多深刻的影响。对此，里夫金指出，遗传工程既代表着我们最甜蜜的希望，也代表着我们最隐秘的恐惧。它的发展直接改变了人对自身的定义。这项技术可以帮助人们按照自己的理想来塑造自身和其他生物，是人类控制自身和自然的终极象征。[①] 因此，在社会实践层面，生物技术的发展带给人们的是喜忧交加的复杂心理，这本身就反映了生物技术价值和社会影响的多元化。

不断向深层次发展的生命科学潜藏着对生命本质的“侵袭”和“扰动”，给人类社会带来诸多挑战和困惑。对于生物技术发展引发的有普遍争议的社会话题，人们目前无法立即获取确切的答案，人们对其难免产生一定的恐惧心理。总体说来，人们无从判断未来生物技术发展所蕴含的巨大能量的走向，也无从掌握生物技术发展的不确定性。以至于未来学家托夫勒不无感慨地谈道，现代生物技术的发展有可能引发一场灾难，而这场

---

① 里夫金．生物技术世纪：用基因重塑世界．付立杰，等译．上海：上海科技教育出版社，2000.

灾难是人类社会毫无准备的。随着时间的流逝，人们正在日益靠近所谓的“生物学的广岛”。[①] 在当今风险社会中，充满理性的学者也流露出对生物技术发展的恐惧感。可以说，生物技术悲观主义已经把这种具有前瞻性的技术忧虑和反思作为其重要的心理基础。

类似地，有不少世界一流的科学家也表达出相应的忧虑。例如，物理学家、诺贝尔和平奖获得者罗特布拉特认为，克隆技术突破的影响相当于当年制造出原子弹的影响。他在英国 BBC 就此项成果向公众发表演讲时指出，遗传工程是在人类科学领域取得的大规模毁灭性手段之一，因为它具有令人恐惧的可能性。尽管科学家可能对科学研究必须在一定程度上受到控制而感到不高兴，但他希望看到建立一个国际伦理学委员会来规约相关科学的发展。[②] 在此，罗特布拉特提出了科学家的社会责任、社会道德问题，极力倡导科学家要对自己的研究成果主动承担相应的社会责任。这个建议是合乎理性且负责任的，也是确保生物技术合理应用并有益于人类社会健全发展的一个基本要求。

当今人类社会已经进入一个风险社会，人们开始重新审视科学技术发展的负面作用和潜在风险。但是，人们不能被动地去接受这些负面作用。人们希望去认识并化解那些风险，并希望在解决已有的技术问题后不再产生新的问题和风险。总之，许多人认为生物技术发展充满着未知的、不确定的风险，这是生物技术文化的一个重要风险视角。

第五节　生物技术恐惧产生的经济背景

有学者指出，现代生物技术发展不仅仅是一个科学技术问题，已成为世界各国普遍关注的与政治、经济、社会和医疗卫生等领域紧密相关的综

① 托夫勒．未来的震荡．任小明译．成都：四川人民出版社，1985：220.
② 林平．克隆震撼．北京：经济日报出版社，1997：149.

合问题。[①] 在经济全球化的背景下，西方发达国家在经济利益的驱动下已经开始激烈地争夺生物技术发展的制高点。同时，他们为保护本国的传统农业不受生物技术的影响和冲击而采取了一系列农产品贸易壁垒措施。事实证明，一个国家的政治经济利益导向会影响这个国家的生物技术选择，会对公众生物技术态度的形成产生直接的影响。

一、生物技术推广背后的经济利益驱动

一般说来，当某项生物技术未经实验充分验证、尚未完全成熟时就进入生产系统，必然会潜藏一定的生物风险和生态风险。但是，为什么现代生物技术的一些类别会在不成熟时就被人们积极地推向市场？主要原因就是强大的市场需求和经济利益驱动。因此，经济利益驱动是引发生物技术恐惧的一个重要动因。例如，对一些欧洲消费者来讲，“疯牛病”“二噁英”等引发的食品安全事件已经形成难以消除的心理阴影。这种恐惧心理让人们对政府和科学界失去了信心，也对转基因产品在内的生物技术制品采取了更为谨慎的态度。

二、文化传播系统背后的经济利益

在娱乐至上的消费主义时代，一切可以被娱乐的对象终将会被娱乐化。面向公众的媒体在道义上本应该肩负着严肃的社会职责，在实践中却常常以商业方式来运营。无论是传统的平面媒体，还是网络新媒体，都在追求发行量、收视率、点击率的流量，以实现其经济效益的最大化。可以说，现代社会的文化传播系统已成为一种特殊的商品生产系统。这种商品就是信息，而信息的成交量就在于信息受关注的程度和传播的范围。

在此社会背景下，我们来审视现代生物技术的产生与发展给人们生活带来的巨大影响力，其颠覆性、震撼力以及同现实生活的紧密关联性，都使其具有较强的关注度。于是，文化媒体争先恐后地将生物技术改造成为

① 吕澜．公众对生物技术应用的态度：中欧比较研究．浙江社会科学，2006（06）：193-197+129.

具有“卖点”“看点”“热点”“焦点”“新闻价值”和“票房价值”的产品，并试图出售给公众。在生物技术产品真正推向市场之前，它本身作为信息产品已经为文化媒体创造了比较可观的经济效益。经过媒体改造过的生物技术已经失去了它本来的模样，我们可以将这种改造概括为一个“简单化、庸俗化、片面化和虚幻化”的过程。[①]特别是文化媒体为了满足部分观众追求惊悚以及感官刺激的心理，有意无意地对生物技术的社会形象和社会价值进行扭曲宣传。可以说，生物技术恐惧的产生与一些文化媒体的刻意炒作有一定关系。例如，一些媒体让公众相信生物技术能让琥珀里的一滴蚊子血变成一场社会浩劫，相信克隆技术就像复印机复制文件那样迅速地成批“造人”……所有这些臆想都使人们对生物技术的应用前景充满悲观，进而丧失一种理性的生物技术判断。

三、农产品贸易保护的国家博弈

在实践层面，生物技术应用和产品推广涉及社会经济利益。因此，生物技术在应用过程中会被一定的社会经济利益所牵制。在推广和应用生物技术产品时，人们基于一定的经济利益和生物安全考虑，既会扩散、包容、接纳和使用技术，也会抵制、拒斥甚至恐惧此类技术。人们对转基因农产品安全性的争论反映了不同国家和不同利益集团之间的冲突。

① 刘科 . 后克隆时代的技术价值分析 . 北京：中国社会科学出版社，2004：83-86.

第三章

生物技术恐惧的社会扩散

人们对某种事物和社会现象形成较为稳定的态度之前，往往会对其有一定的社会认知。这种认知来自直接经验或者间接经验，后者主要来自媒体信息的影响。在认识实践中，影响人们对事物和社会现象进行综合评价的主客观因素有很多。人类作为认识主体，其思维方式、知识积累、价值偏向及其生活经验等都可以影响人们对媒体的选择，进而影响人们对媒体信息的认知感受和消化吸收等。基于各种媒体所发布的生物技术信息，人们已经对生物技术形成了不同的态度。我们有必要深入探究生物技术恐惧的社会扩散，分析媒体与生物技术恐惧社会传播的互动关系，探索现代媒体针对生物技术概念、生物技术社会形象的制作过程、扩散机制和反馈机制。通过上述研究，旨在寻找疏导或减少人们生物技术恐惧心理的合理路径，为生物技术的发展营造一个良好的社会舆论环境，构建公正、安全和“亲民”的生物技术形象。

第一节　技术概念的媒体传播

新的科学技术革命对信息传播媒介的形态、模式和运营等都具有极大的革命性影响。随着计算机技术、多媒体技术、信息技术、网络技术和大数据技术的广泛应用，全球社会开始进入一个信息快速传播和扩散的时代。

一、媒体的多样化形态

在现代社会，媒体已经呈现十分多样化的形态，其内涵十分丰富，既包括图书、报纸、杂志、广播、电视、电影、音像制品等传统媒体，也包括正在迅速崛起的互联网络、智能终端以及微博、微信、超话、短视频等新兴媒体形式。在现实生活中，不同的人会对媒体产生不同的选择倾向。人们的年龄结构、教育水平、生活环境、工作性质、经济水平、性格偏好等因素都会影响他们选择使用媒体的种类和方式。特别是近十几年来，新兴媒体已经对公众的社会生活、学习、生产和思维方式产生了重大而深远的影响。在生活中，众多的社会成员都会密切接触和使用多种新兴媒体及时获取或者发布各种信息。当前，有不少人特别是青少年群体已经须臾离不开那些新兴媒体及其智能终端，甚至出现了“网络依赖症”“手机依赖症”等较为普遍的社会现象，他们随之成为一簇被技术捆绑的社会群体。

二、现代媒体的主要特点

科学技术的迅猛发展已经对现代媒体产生了极其重要的影响，使其呈现出以下主要特点。

（一）媒体传播手段日益技术化

现代媒体在传播手段上越来越呈现出技术化、数字化的趋势。在网络技术、数字技术等手段有力推动下出现的新兴媒体，颠覆了传统媒体的载体与传播形式，严重挤压了传统媒体的生存空间。特别是纸质媒体受到了极大的影响，迫使许多报业集团（公司）放弃了纸质版报刊的印刷和发行，全面进行数字化出版转型。媒体的日常运作在更大程度上依赖多种技术手段，可实现信息采集、编辑、加工、发布等方面的技术化、自动化。重要的是，媒体高度技术化的发展也极大地改变了媒体与受众的关系。媒体受众从被动地、单方面地接受信息，实现了对信息的自由选择、自主利用和及时反馈等。此外，数字化媒体的出现对人们的阅读方式、阅读习惯也是一个巨大的改变。

目前，电视对我国普通社会公众的影响面仍然比较大。随着数字电视技术的普及和数字化电视频道的增加，电视节目的内容不断丰富、不断充实，观众的可选择性也在不断地增加。由中国科普研究所牵头组织的调查研究表明：我国公民获取科技信息的主要渠道是电视和互联网。我国公民每天通过电视和互联网及移动互联网获取科技信息的比例超出广播、报纸等其他大众传媒。其中，主流互联网渠道占据了互联网使用者获取科技信息的空间。[①] 因此，电视和互联网是影响和改变我国公民技术态度的主要媒体形式。

（二）媒体传播信息日益高效化

在新技术的支持和保障下，现代媒体制作和传播信息的效率得到极大程度的提高。因此，现代媒体的总体规模、社会影响面进一步扩大。当前，媒体已经实现了即时性、交互性地收集、传播、接收和反馈信息的强大功能。近年来，生物技术的发展能够成为社会舆论关注的热点，一方面

① 何薇，张超，任磊，等．中国公民的科学素质及对科学技术的态度：2018 年中国公民科学素质抽样调查报告．科普研究，2018，13（06）：49−58+65+110−111.

与其自身发展的重要性有关，另一方面也与媒体的高度关注和及时跟进有直接的关系。例如，普通公众了解克隆羊的信息并不是直接通过专业的科学杂志，而是通过新闻媒体的大量报道。最早对克隆羊“多莉”诞生的新闻报道是在《纽约时报》。具有戏剧性意味的是，一旦启动了克隆羊的新闻报道，就引发了一场媒体界的有关克隆问题的多米诺骨牌效应。于是，多种多样的媒体都在积极跟踪这一科学事件，持续解读、演绎这一事件及其背后的社会意蕴。克隆羊事件不断地发酵，在全球范围掀起了一场声势浩大的“克隆风暴”。但是，这场风暴实质上是一个“舆论风暴”“口水风暴”，并非一场真正意义上的“科学风暴”。

（三）媒体传播形态日益社会化

现代媒体的开放性、共享性体现在其信息的社会化、大众化方面，也体现在人们对信息进行处理的门槛越来越低。目前，人们可以随心随意地通过各种网络终端设备去获取自己所需要的信息，也可以随时随地发布信息。特别是在当下逐步走向信息公开和信息共享的社会背景下，人人都可以参与到媒体的活动中去制作、传播、分享和反馈信息。因此，现代人皆可成为“媒体人”。博客、微博、微信、公众号、论坛、贴吧、网络直播等被称为自媒体或“第五媒体”，突出了主体性和个性化色彩。人们还可以私人定制、选择自己感兴趣的信息，或过滤对自己无用的信息而只保留自己需要的信息。这就是说，现代媒体已经赋予社会个体加工处理信息的高度开放性和自主性。在实际研究中，媒体也往往被指称为“媒介”，它们都具有承载信息的作用。有学者认为，媒介化社会的重要特征之一就是媒介影响力对社会的全方位渗透。除了真实存在的世界，媒介也在努力营造出一个虚拟的无限扩张的媒介世界。人们普遍地通过媒介来获取对于世界的认知，甚至依靠媒介信息来指导现实生活、工作和学习。[①] 人们通过

① 孟建，赵元珂．媒介融合：粘聚并造就新型的媒介化社会．国际新闻界，2006（07）：24-27+54.

媒体同现实世界进行密切的关联和互动，而媒体正日益深刻地影响着人们的认知水平、价值观念、人际交往、行为选择甚至整个生活世界。

（四）媒体运营方式的日益市场化

媒体传播既依赖于现代技术装备、技术设置，也在很大程度上依赖相关人力、市场需求、社会环境等。现代信息社会的发展将逐步打破信息专有和信息垄断的局限性，使媒体的信息产品、数据产品成为普通的公共商品，成为社会公众的日常消费品。因此，绝大多数的现代媒体都属于经营性机构，要按照市场经济的规则进行管理和运营。为此，媒体在发布信息时必然会有其市场定位和市场选择，有其特定的信息受众选择，要为特定的目标群体服务，还要吸引商业广告并兼顾社会公益广告的投放，受到“眼球经济”“流量经济”的深刻影响。因此，现代媒体难以摆脱收视率、点击率、浏览率的市场化影响。

三、现代媒体信息传播的局限性

（一）现代媒体传播强烈依赖技术装备

现代媒体在影响力、传播速度等方面的优势十分突出，但现代媒体离不开电力、通信基站、网络等技术设备的基本支撑。在相关技术装备出现故障时，人们既无法获得所需要的信息，也无法传播相关的信息。此外，在电力和网络信号等未曾覆盖的地区，那里的人们同样无法接收和发布信息。这里就存在一个与经济社会发展不均衡密切相关的“信息发布与接收不均衡”的现实问题。这些地区往往是经济社会发展和交通相对落后的偏远乡村或山区。受主客观条件的限制，生活在这些地方的人群往往会成为“信息弱势群体”——他们接收信息的条件差、能力弱、机会少，无法及时获取、理解和有效利用信息。上述现象反映了信息共享领域存在着一定的不公正性，这是一个非常值得研究和解决的现实社会问题。当前，我国正在持续推进互联网普及工作，深入开展“提速降费”工作，不断打通

“信息孤岛”，已经取得了十分明显的社会效果。[①] 可以说，我国已经成为全世界名副其实的网络大国、网民大国，这充分反映我国数字经济发展水平和综合国力的不断提升。

（二）现代媒体传播中存在信息失真现象

在现代媒体高度开放的社会背景下，人们都有机会参与信息的制作、发布和传播。因此，就有可能出现人们对某一信息进行主观修饰、裁剪和篡改的情况。在信息传播过程中，人们的多次加工会导致信息真实性的流失，出现所谓的信息失真现象。在极端情况下，甚至会出现虚假信息覆盖真实信息的情况。比如，多年前一些媒体在传播“克隆羊”和“克隆人”的信息过程中，虚假的、演绎的成分往往多于真实的、客观的成分。从科学传播的角度来看，失去科学性、客观性基础的科学传播必定是失败的传播。此外，在媒体商业化运作的情况下，媒体之间的竞争也日益激烈。政治、经济、文化、法律和公众心理等因素都会影响媒体对信息的选择、加工和扩散。媒体从业人员的素质、价值倾向也会影响他们对信息的编辑与加工。试想，一名科学素养较低的媒体从业人员能够做好科学技术领域的信息传播吗？因此，我们要高度重视媒体领域出现的科学技术信息失真现象，分析并解决导致信息失真的原因，做好科技传播工作。

（三）现代媒体传播中存在的信息污染

现代媒体具有多样化的形式，具有各自的优点和不足，对受众的影响也不尽相同。媒体的多样化使媒体受众具有更多自主选择的机会，不同年龄、不同教育背景、不同职业和不同经济能力的人们对媒体都会有不同的偏好。有人喜欢阅读文字，习惯于纸质的图书、期刊和报纸，有人喜欢观看电视，有人喜欢浏览网页，有人低头凝视手机等。因此，不同的受众会对不同形式媒体的传播内容产生不一样的感知和反应。但是，新媒体逐步

---

① 中国互联网络信息中心 . 第 49 次《中国互联网络发展状况统计报告》. 中国互联网络信息中心，2022.

取代传统媒体的趋势是不可改变的，会有越来越多的人适应和接受新媒体及其信息传播方式。在现代媒体传播过程中，也存在不容忽视的负面问题。由于网络信息传播速度快、更新速度快，受众接收信息的方式更加便利，接收的信息量巨大。但是，过量的碎片化信息会带来所谓的“信息污染”和“信息焦虑”问题。在大量的庞杂信息扑面而来时，很容易让人们处于一种无所适从、精神疲惫的状态。

第二节　生物技术恐惧的媒体制作

在实践中，生物技术恐惧通过媒体的扩散才会产生更大的群体性影响。有学者认为，当前，传播媒介几乎已经成为协助人们认识外在世界及掌握新知识的一层最重要的文化肌肤。[①] 在现代社会，信息的社会传播大致可分为媒体传播和人际传播。但是，新兴媒体的快速发展已经使它们之间的界线不再分明，它们往往交织在一起构成一个立体的传播体系。在分析现代媒体影响生物技术恐惧的传播过程时，我们能够发现这是一个公众积极参与的、开放的动态过程，还有许多其他社会因素参与其中。大致说来，可分为对生物技术信息的制作、扩散和传播三个阶段。

一、媒体影响生物技术信息的制作

媒体在制作生物技术信息时，要在初始生命科学知识、生物技术发展信息源的基础上进行不同程度的加工处理。

（一）参与制作的主体

社会公众接触到的生物技术发展信息都经过了不同程度的加工处理。媒体信息制作主体（记者、编辑、编导、主播、策划、科研人员、科普作

---

① 黄俊儒，简妙如．在科学与媒体的接壤中所开展之科学传播研究：从科技社会公民的角色及需求出发．新闻学研究，2010（105）：127-166.

家等）会对生物技术发展的文字、图像等信息进行处理之后才向社会发布和传播。因此，媒体信息制作主体的生物技术态度、价值导向对社会公众的生物技术态度和心理都会产生影响。

1. 制作过程中的信息来源

媒体加工处理的生物技术发展信息主要涉及该技术本身、技术产品、技术目标、技术社会价值和影响等。

生命科学研究或生物技术开发事件。例如，2008年，美国科研人员未按规定向中国相关机构申报，携带转基因“黄金大米”入境，在我国湖南衡南县江口镇中心小学开展“黄金大米”对照实验。上述实验数据形成论文在《美国临床营养杂志》发表。但是，在整个对照实验过程中，受试者并不知情。事后，引起人们广泛的争议和心理恐慌。这个事件曝光后，各类媒体对此进行了大量报道和多视角评论。

生物技术发展政策和管理行为。媒体往往比较关注政府的生物技术态度。一般说来，政府的生物技术态度比较充分地体现在生物技术发展的政策和管理文件中。这里也会存在媒体与政府技术态度相互影响的情况。一方面，媒体基于所在国家和地区政府的技术态度进行生物技术信息的制作与发布；另一方面，政府重视媒体所展现的生物技术舆情，据此进行生物技术发展政策、产业政策的制定或调整。

2. 制作主体的差异性

生物技术恐惧是人们对生物技术发展风险的认知和心理反应。当生物技术的应用还没有普及，甚至尚处于实验室开发状态时，公众对其产生较为强烈的心理反应。这种现象充分说明了公众对生物技术风险的感知往往不是直接感知，而是对媒体所传达信息的间接感知和反应。媒体信息的制作主体，除了专职的媒体从业人员，媒体还会约请生物学家、生物技术专家、人文学者、政府科技管理人员和生物产业界人士等，这些人总体上可以引导生物技术传播的舆论导向，对公众生物技术社会心理的影响比较大。但是，由于上述人员的知识背景、科学认知水平、价值立场各不相同，他们对生物技术发展信息的制作也将呈现出一定的差异性。特别是在媒体繁荣发展的环境下，许多人都有机会针对生物技术的发展表达自己的见解和态度，更会呈现众说纷纭的局面。因此，为了客观表达、制作和传播生物技术的发展信息，需要不断提升制作主体的科技素养、法律素养、社会道德责任等。

3. 制作主体的目的性

在市场经济背景下，媒体在制作各类信息时都会体现出一定的目的性，还要考虑媒体受众的社会需求，进行合理的宣传定位、社会定位和市场定位，以便取得更大的社会影响力和经济效益。媒体还会受一定的政治、经济、法律、文化和社会道德等因素的影响，不可能处于一个完全“自由”“自主”“自治”的空间。因此，媒体制作主体可以体现自己的目的性，可以传播自己的理论、观点和价值倾向。但是，媒体人必须受制于职业道德、社会伦理、法律法规的约束，不可能处在一个法外之地，不可能对所涉信息完全随心所欲地加工、制作和传播，更不应该简单地追求流量经济。

（二）制作传播内容的价值与形式

媒体在制作生物技术发展和社会应用的信息时，一般会涉及选题与内容构建两个主要的方面。

1. 选题价值的倾向性

针对生物技术的发展和应用，媒体往往会根据自身特点、社会功能和社会定位，不需要全面阐述生物技术的发展信息，只是在特定的视角下选择生物技术信息，特别要考虑选题是否会引起人们的关注和兴趣。例如，生物技术的发展涉及生命科学原理、技术路线、技术产品、技术服务、技术扩散、技术推广、技术安全、技术风险、技术伦理、技术价值等内容。在传播实践中，媒体和普通公众对生物技术原理与技术路线等不容易理解，也不一定有多少兴趣，而对其他方面的问题会有较多的关注。人们会特别关注生物技术安全、生物技术风险、生物技术伦理和生物技术的社会影响等问题。在湖南转基因“黄金大米”事件曝光后，媒体对转基因食品的安全性问题有了更多的关注和报道。[①]有学者研究指出，2010年在全国“两会”召开期间，媒体对转基因的报道急剧上升。[②]这说明了媒体借助“两会”的召开，希望此类话题能够得到更多、更权威的关注。因此，有了确定的选题之后，媒体就可以围绕主题进行生物技术信息的制作和传播。

2. 内容构建形式的多样性

媒体不仅仅向受众提供生物技术发展的信息，更重要的是对构建生物技术的社会形象具有很大的作用。

生物技术信息载体具有多样性。现代媒体的表达形式具有多元性，这就使媒体对初始生物技术信息进行不同形式的裁剪。初始信息可以被处理成不同的形式，如文字、图像、声音，也可以是上述元素的有机结合，如动态的影像等。在实践中，不同样态的信息会对媒体受众产生不同的影响。这种影响与受众的阅读能力、理解能力、职业兴趣、科学素养、闲暇时间等都有关系。因此，即使是同样的生物技术信息，不同的受众对此有不同的解读，会形成不同的技术认知、技术情感、技术态度和技术选择等。

生物技术信息内容具有丰富性。生物技术的初始信息被加工之后，根据其内容性质可分为技术报道、科普宣传和技术评论等。技术报道是对生物技术事件的叙述性传播，一般不做出评论。科普宣传是以普及生命科学知识、传播科学思想、推广生物技术产品和服务等为主要内容。技术评论类信息是政府机构、媒体、科学团体、非政府组织或个人对生物技术发展及其社会影响的评价，一般持有比较鲜明的立场和倾向。值得注意的是，有些不真实的生物技术发展信息被人为包装成“最新科研成果”和“权威观点”等，结果让社会受众产生了一定的生物技术恐惧心理。

---

① 吕诺，胡浩．“黄金大米”试验违规 相关责任人被撤职．中国青年报，2012-12-07（05）．

② 姜萍．媒体如何建构转基因技术之形象：以2010年国内重要报纸的分析为例．南京农业大学学报（社会科学版），2012，12（02）：101-109.

生物技术信息传播视角具有多元性。对生物技术信息的传播可大致分为正面、中性和负面三种立场。在生物技术尚处于发展阶段时，人们会特别关注其消极影响。正如有学者认为，在现实社会，各种负面信息在人群中的传播，会比其正面或中性立场的信息传播速度快、传播范围广。[①]因此，生物技术发展的负面形象更容易引起人们的关注。在媒体发达的今天，面对铺天盖地的生物技术信息，必须强调受众的自主性和独立判断能力。当然，受众不只是单一的、被动的信息接收者，不仅仅是信息的洼地，还要对其所接收的信息进行判断和选择，要成为对信息有鉴别能力和有选择能力的人。否则，那些鉴别能力缺乏的人，容易受媒体信息的摆布，更容易对生物技术产生恐惧。

二、媒体对生物技术信息的扩散

生物技术信息在人群中的扩散有着不同的扩散模式和扩散特点。

（一）生物技术信息的扩散模式

由于新媒体的发展，信息的媒体传播与人际传播可以紧密地结合起来，并且相互影响。以生物技术信息的扩散为例，从受众与媒体互动程度的强弱来看，可以分为单向扩散模式和双向扩散模式两类。

生物技术信息的单向扩散模式。在这种模式中，媒体与受众之间的互动性弱，受众主要被动接收来自媒体（主要是传统媒体）传播的信息。传统媒体一般都是有针对性地把信息扩散给受众，受众不能及时反馈信息，信息呈现单向流动，这属于信息的单向扩散模式。一般说来，这类媒体对生物技术初始信息的加工没有太多的自由度。但是，这类媒体离不开具有主观能动性的人进行信息扩散，也会呈现偏激、中庸或保守的情况。

生物技术信息的双向扩散模式。在这种模式中，现代媒体与受众之间

---

① 文慈．未知的恐惧总会被无限放大．中国青年报，2013-03-26（11）．

的互动性、反馈性较强，受众可以通过媒体主动参与制作并发布各种生物技术信息。现代媒体的易操作性，使得制作信息和发布信息的门槛相对较低，人人都可能参与其中。此类媒体的受众分布比较多元和复杂，只要能够掌握相应的媒体工具，几乎任何人都可以充当生物技术信息的制作者、发布者和反馈者。因此，在现代媒体与受众之间就建立起双向的扩散机制。随后就出现了以下难题：一方面，通过互联网和新媒体产生大量的生物技术信息；另一方面，新媒体的开放性使信息真伪辨识和监管难度加大，更容易影响人们对生物技术的认知、情感和价值倾向。

（二）生物技术信息的扩散特点

现代媒体在向外扩散生物技术信息时，具有以下特点。

1. 生物技术信息扩散的情形复杂

现代媒体的开放化和市场化，使其对初始信息的选择和加工处理往往需要考虑传播效果，甚至在一定程度上要迎合受众的现实需要，要考虑与人们生活的相关性。由于转基因食品和药品与人们的生活关系十分密切，有关这方面的信息就会吸引受众的高度关注，通过与媒体的互动进一步扩大了这类技术的影响。从传播心理上讲，受众更容易被生物技术发展的虚假信息、负面信息及其价值误导所吸引。即使有人感觉到上述信息中有不恰当的成分，也会在从众心理的影响下，盲目地认同他人的价值选择。因此，对生物技术信息内容真实性的把关就显得十分必要。

2. 生物技术信息扩散的容量巨大

现代媒体功能强大，在信息扩散的容量、范围和速度等方面都有了巨大的变化。受众从媒体那里接收到的信息量巨大，甚至呈现叠加、庞杂和重复的特点。媒体信息的叠加重复会给受众带来信息强化的影响，而其互动性又为个体传播自己的观点提供便捷的途径。因此，在这个过程中所形成的生物技术恐惧信息会在反复流动中扩散。因此，对生物技术质疑的人很容易从大量的生物技术负面信息中寻找借口和依据。

三、媒体对生物技术信息的传播

麦克卢汉提出了“媒介即讯息”的著名观点。从媒体的社会影响来理解，不论何种形式的媒体以及它所传递的是何种信息，媒体本身都会对社会造成深刻的影响，成为人们观察事物、认识世界的重要窗口。媒体对人们的生活方式、思维方式、价值判断和精神世界已经产生了巨大的影响。因此，媒体完全可以影响并重塑公众对生物技术发展的态度。

现代媒体制作的生物技术信息，其内容载体有文字、图片、影像等不同形式，这会引起信息扩散与接收的差异性。普通受众要完整地理解生物技术信息，就需要具备一定的文化程度。一般而言，文化程度高的受众不但能够理解生物技术信息的表面意思，还能懂得其隐含意思，能够形成自己的技术态度，较为迅速地作出自己的判断，进而采取相应的技术行为。总体而言，受众文化水平、理解能力、经济能力、掌握互联网和新媒体能力等方面的不同，会对他们消化、理解和吸收生物技术信息的能力产生一定影响。

此外，当接收到的生物技术发展信息内容丰富、指向明确时，受众就不会轻易对其进行过度联想甚至歪曲；当接收到的生物技术发展信息有限时，受众就不容易正确认识和理解生物技术的发展价值。当受众的困扰和疑惑得不到满意的解释时，由其疑惑而生成的恐惧心理也就得不到合理疏导，就容易使公众基于生物技术恐惧心理而产生过激行为。

第三节　生物技术恐惧的媒体扩散

当前，风险社会的形成与现代媒体的风险文化建构关系紧密。现代媒体通过风险语境的建构与传播，刺激了公众的风险感知，促进了风险意识、风险文化的形成。生物技术风险的传播正是建立在媒体对其不断演绎、不断积聚的基础上。但是，公众的生物技术态度在适当的情境下，可以通过专业人士的说服而发生一定的改变。具体说来，无论是生物技术发展的恐惧者，还是对生物技术发展持模糊态度的人，他们的态度都是随时可以改变的，甚至可以被劝说为生物技术发展的坚定支持者。

一、媒体对生物技术恐惧心理的强化与扩散

随着媒体传播技术的迅速发展，人类社会已经进入信息快速扩散和即时反馈新时代。在这一时期，信息传播的速度越来越快，信息的传播量也越来越大。人们借助网络技术、信息技术和大数据技术的发展，逐渐参与到快速涌动的信息流中。总之，人们在自媒体时代可以更加充分地发挥自身的主观能动性。

当前，人们的技术心理、技术风险意识受到社会文化的建构作用越来越大。有学者指出，传统社会的风险意识主要来自人们的个体体验或受身边人经验的影响。但是，现代社会人们的风险感知和风险焦虑则主要来自媒体。公众所感知的风险信息基于媒体对风险事物和事件的描述，这个过程就是风险的媒介化。① 事实上，多数人对生物技术产生的恐惧心理是由媒体引发的。人们由于直接经验而导致的生物技术恐惧成分则越来越少，公共舆论已经成为推动生物技术恐惧心理的重要因素。在现代社会，人们对科学技术的重视程度以及所体验到的科学技术在社会各领域引起的不安定因素，主要归因于媒体的信息传播。特别是新兴媒体以其即时性、直观性、示范性和广泛性，对现代社会的生物技术文化和心理产生了十分广泛的影响。媒体在密切关注生物技术发展时，如果不能辨别信息的真假就去炒作、渲染生物技术发展的负面信息，或者有意地利用生物恐惧元素去吸引受众的注意力，就会在更大的社会范围扩散生物技术恐惧心理。

在“克隆羊”社会舆论热潮中，“克隆”概念在较短的时间内达到了几乎众所周知的程度，充分显示了现代媒体的强大功能。然而，一些媒体

① 蔡骐．媒介化社会的来临与媒介素养教育的三个维度．现代传播（中国传媒大学学报），2008（06）：106-108.

热衷于对“克隆羊”的庸俗化宣传、片面化认识、虚幻化演绎，甚至放弃和背离了生物技术的发展现实，把社会公众对克隆技术及其未来的关注引入奇异幻想中。当时，在西方国家的一些报刊上就出现以下类似画面：通过生物技术“克隆”出来的“希特勒”排着队走向了世界……这给人的感觉是：动物克隆技术的发展，特别是在人身上的应用，将会导致各种各样的“妖魔鬼怪”跳出来危害人类社会，从而引发许多社会问题，社会秩序也将受到极大的挑战。在媒体的运作过程中，正如有学者所讲，人们具有渴望发生重大新闻的心理以及具有面对突发事件所暴露出来的兴奋状态。但是，这种心理也许会引发大量的社会恐慌和普遍的不安，甚至会产生一系列非理性的直觉式反应。[①] 这就是传播学所讲的媒体恐慌现象。在这种心理惯性下，人们会有意或无意地放大和扭曲生物技术恐惧心理。当在媒体中充斥大量夸大的、虚构的生物技术恐惧信息时，必然会造成社会公众对生命科学和生物技术发展的误解和焦虑。

当前，人们从生物技术发展的逻辑中推测出令人恐惧的生物技术风险图景。如果人们随心所欲地改造生命个体基因，就有可能给这个世界带来更多不测的风险。人们对生物技术的焦虑源于人们对生物技术的应用可能会对人类个体及其生存环境造成破坏的一种心理拒斥。人们对虚拟“人兽怪物”的强烈感受，充分反映现代人已经对生物技术发展产生恐惧感。有好事者通过绘图技术在电脑上制作出“半人半兽”“人面兽身”“人头兔身”怪物形象的图片，通过网络在更大的范围传播，这就进一步扩散、放大了人们对人－动物细胞融合实验的恐惧心理。一些不明真相的网民为之惶惶，从这些制作出的图片中感受到生物技术发展的恐惧与忧虑。网络上也有不少煽动性、暗示性的言论：“半人半兽”的妖怪很快要从实验室里走上大街了。这类言论引起网民对人兽混合胚胎研究持反对或质疑的态度，甚至担忧人类的生存会受到“半兽人”的威胁。这种生物恐惧已超越了人

① 邵培仁．媒介恐慌论与媒介恐怖论的兴起、演变及理性抉择．现代传播（中国传媒大学学报），2007（04）：27-29.

们对自然界认知的界限和对技术成果的心理接纳空间，形成了所谓的“人兽杂交恐惧症”。

当前，发达的现代媒体正在扮演技术诠释者的角色，但是诠释的后果有可能截然不同。媒体无论出于什么样的目的，经常会释放出有关生物技术发展与应用的负面信息，就会不断地刺激媒体受众趋利避害的心理。受此舆论氛围的影响，即使是对生物技术发展和应用保持中立或没有恐惧态度的社会个体也会渐渐产生恐惧心理。主要原因在于，大多数社会公众所具有的科学素养无法有效鉴别媒体信息的真伪，在从众心理的影响下就容易走向生物技术恐惧者的行列。这种情况也反映出在高度发达的媒体背后，既缺少生命科学领域权威专家的声音，也缺少权威专家与社会公众之间针对“生物技术的社会价值”和“生物技术与社会的关系”类似主题的对话和交流机制。在媒体发布的大量生物技术发展信息的冲击下，公众缺乏认知判断能力去辨析这些问题，就容易轻信媒体的信息表达及其折射出的生物技术态度。因此，人们生物技术恐惧心理的形成与现代媒体有着密不可分的关系。

二、媒体对生物技术恐惧的误读

在现代社会，个体恐惧感的形成往往不是直接经验的结果，而主要来自某种间接经验特别是媒体信息。在生活实践中，人们亲身经历的恐惧越来越少，却越来越多地在扭曲和抽象的层次上感受。那些对生物技术有一定了解的公众往往对生物技术的发展和应用产生较为严重的忧虑。事实上，他们所依赖的那些知识和信息并不一定是真实可靠的。可见，现代媒体传达出的生物技术恐惧信息激发了人们的想象力，在更广泛的社会层面扩散生物技术的恐惧心理。

（一）媒体对生物技术恐惧的过度渲染

那些让观众受到强烈视听冲击的《侏罗纪公园》和《汉江怪物》等电影，所表达出的生物技术恐惧心理正是当今社会人们对所面临的生物技术发展风险的一种艺术表达。美国研究公众风险意识的专家霍尔曼认为，对生物技术发展的调查有时很困难，有大约 1/4 的人群对遗传工程完全陌生。因此，应该为生物技术的研究成果提供专门的传播媒介，以便促进公众理解生物技术。[①] 这表明，那些针对生物技术发展的质疑声音是无处不在的，主要原因是缺乏生物技术发展的理性认知。如果不促进这一项工作，社会公众必将处于被动境地。他们又该如何去做呢？是盲目地接受媒体给予的生物技术信息？还是保持一种清醒的自我意识，主动去寻找、接纳那些正确的生物技术信息？

媒体、科技专家、政府管理部门有责任和义务来帮助公众减弱生物技术恐惧心理。当前，在以强大的政治、经济利益为核心的决策网络中，通过政府和媒体的正面宣传，可以在广泛的社会层面传递生物技术发展的准确信息和价值导向，帮助公众形成合理的生物技术态度和生物技术价值判断。

（二）媒体对生物技术及其价值的误读

有关生物技术社会影响的信息通常经过媒体发布，这些信息既有粗制滥造的，也有耸人听闻的。这类信息会引起媒体受众的猜测，也会引起心理的不适感。当前，生物技术的安全和风险问题很容易引起人们的高度关注，也容易引起人们对它的过度解读。例如，人们从人类基因组图谱的成功绘制中，解读出可能会引起对人们基因隐私权的侵犯，解读出入学、就业、婚姻、保险等方面的基因歧视；人们从体细胞克隆羊的成功个案，解读出“克隆人”出现之后的各种伦理、法律和社会难题；人们从转基因农产品的种植推广，解读出危及人体健康和生态环境等问题……从风险防范的视角来看，上述解读也包含了人们的理性成分。在现实社会，总有一些人借助媒体对生物技术发展可能的负面影响进行误读和炒作。这样做就夸大了生物技术发展的异化维度，忽视了生物技术发展的积极价值，甚至对

① 陶冶 . 公众对生物技术的反应出人意料 . 生物技术通报，1996（03）：14-15.

其进行过度诘难和歪曲宣传，进一步在社会层面制造和强化了人们的恐惧心理。

随着现代媒体的发展和普及，有关生物技术发展的信息将更加便捷地影响越来越多的受众。但是，有关生物技术发展的不真实信息也将会影响更多的人，使其对生物技术的发展产生恐惧或排斥心理。媒体在塑造生物技术发展负面社会形象方面，已经给不少公众留下了根深蒂固的印象。

第四节 生物技术传播的媒体责任

一般说来，导致生物技术舆论信息失真的主要原因是虚假信息的制作和发布，这里反映出媒体技术传播的社会责任问题。

一、媒体构建合理生物技术社会形象的责任

人们一般将科学素养的构成分为三个方面：人们对于科学知识的了解程度；人们对科学研究过程和方法的了解程度；人们对于科学技术对社会和个人所产生的影响的了解程度。人们所具有的科学素养状况影响他们对生物技术的认识和理解。调查表明，随着人们对教育事业的高度重视以及教育的普及化、全民化，我国公众的文化素养和科学素养逐年提升。除了正规学校层面的科学教育，我国公众获取科学技术知识和信息的渠道也在不断拓展，既有报纸、广播、电视等传统媒体，也有互联网、手机客户端、微信公众号等新兴媒体。由于新兴媒体自身的特点和优点，它对人们获取科学技术知识和信息起到非常大的作用。如此看来，媒体的社会作用、社会责任就需要对应和统一起来。媒体所传播的科学技术信息，要有助于人们科学素养的提升，要有助于真实、客观的生物技术社会形象的构建。可以说，这既是生物技术健全发展和进步对媒体的社会要求，也是媒体自身健全发展的行业要求。

二、媒体构建生物技术社会形象的目标和举措

（一）构建生物技术合理社会形象的目标

当前，人们对生物技术特别是克隆技术、转基因技术和基因编辑技术等领域的争议比较多，有关这类技术发展的负面信息也在不断涌现。少数人群的生物技术恐惧经由媒体的展示和传播，进而改变了其他人对于生物技术发展的观念和态度，也会逐步形成一股约束性力量来影响生物技术的发展。因此，各类媒体有责任和义务去构建生物技术发展的合理社会形象，应该对人们的生物技术恐惧心理有一个适当的引导。媒体不仅要关注和弱化公众消极和负面的生物技术态度，还应该帮助公众客观地认识生物技术及其产品的价值和社会影响。在科学认识的基础上，公众才能形成一个理性的生物技术态度，才能有一个平和的技术心态。

随着生物技术的深度发展，越来越需要通过媒体塑造一个积极的、开放的和创新的生物技术社会形象。为此，需要充分发挥科学家、科技管理人员和媒体意见领袖等人员的积极作用，通过他们在媒体的影响力，为关心和关注生物技术发展的社会公众提供客观、真实的信息支持。即使有人对生物技术的发展产生困惑和质疑，也能够获得充分的信息沟通和交流途径，有助于消除公众对生物技术发展的疑问和忧虑。此外，现代媒体的信息互动和反馈功能，有助于拓展公众、科学家、政府和生物技术产业界之间的信息沟通途径，还可以及时把握生物技术发展的社会舆情，了解公众关注的热点，把握公众的生物技术态度，这对于制订和完善生物技术发展政策、产业政策都是十分有益的。因此，公开、客观的生物技术形象的构建是十分必要的，有助于生物技术的健全发展。

（二）构建合理生物技术社会形象的建议

1. 媒体的技术态度和技术选择

媒体要想构建合理的生物技术社会形象，首先，在采集、加工和处理生物技术发展的初始信息时就要做到科学化、专业化。其次，媒体要有客

观公正的生物技术态度，要给予生物技术发展信息比较充分的传播空间。在现实社会中，媒体对与人们日常生活、卫生健康相关的生物技术食品、药品的安全性话题有很大的选择倾向。但是，科学的问题始终要以科学的态度来对待，而不能把科学问题“非科学化”处理，特别不能把科学问题矮化为“眼球经济”问题。当前，需要不断提升对生物技术初始信息进行采编和加工人员的科学素养能力和专业知识水平，不断强化其社会责任担当。

2. 加强公众的科学普及和科学教育

在实践中，公众的受教育水平、职业状况、年龄等方面的差异性都会导致其具有不同的科学素养。不同的科学素养关乎人们的技术态度，对于人们客观、理性地认识科学技术的价值和功能有着重要的作用。提升公众的科学素养不能仅仅关注科技知识、科技政策等方面，还要涉及科学精神、科学方法和科学思维的训练，需要探讨科学技术与社会、人类和自然的关系。此外，人文素养也不可缺失，它关联到公众人生观、世界观、价值观和科技观的塑造，也会在总体上影响人们对科学技术的态度和行为。因此，要构建合理的生物技术社会形象，就要重视同时提升公众的科学素养、人文素养。

一般说来，做好科学普及工作有助于提升公众的科学素养。但是，缺乏生动语言和深入浅出内容、形式单一的科学普及很难吸引公众的注意力。部分媒体从业者专业性的缺失则可能误读生物技术发展的概念和内涵，进而误导公众的技术价值选择，就起不到科学普及的良好效果。比如，人们要对人－动物细胞融合实验有一个科学的认知态度，生命科学知识的普及和宣传仍然是十分必要的。我们既不需要对此类研究的美好前景过度渲染，也不需要夸张描绘可能的恐怖情形，唯一需要的是实事求是的理性分析，帮助人们走出面对生物技术发展的困惑。一般公众很难理解生命科学前沿领域的发展情况，就容易被媒体牵着走。在对人－动物细胞融合实验的关注中，有不少言论就反映了人们对现代生命科学进展的简单化理解和片面性认识。有人就如此虚幻般地设想：人兽杂交创造出的物种应该是优秀的"新物种"，既有人类的聪明，又有动物的优点；有朝一日人类能展翅飞翔，或者可以生活在水中；人类个体将来会有"鹰的眼睛、豹的速度、熊的力量"……这类异想天开背后包含着对生命科学知识的误读，甚至是生命知识极度贫乏的表现。科学技术问题是极其严肃的知识问题、社会问题，不能被简单地娱乐化、庸俗化。要正确评价生物技术的社会价值和影响，需要有相关的科学知识、确切的证据和合理的逻辑。科技工作者、主流媒体都应担负起科学传播的社会责任，对于那些言过其实的荒唐言论要进行必要的纠偏，特别是不能利用社会公众的知识欠缺而去制造热点和轰动效应，这不利于科学普及工作的正常开展。

3. 政府和科技工作者对媒体工作的积极介入

在构建合理的生物技术社会形象时，政府管理部门不能以行政手段强制干预生物技术信息的正常传播。以政府管理部门为主，联合科研人员、生物技术企业和媒体，要为公众理解生物技术构建平台，适度引导公共舆论。同时，科技工作者应当积极发挥自身的专业优势，提升自身普及生物技术知识的话语权和影响力，在媒体与公众之间建立起充分有效的交流机制。因此，科技工作者一定要本着求实的科学精神，不能为了哗众取宠、标新立异放松对自己言行的审视。调查表明，我国社会公众对前沿科技发展高度关注，当前主要关注新一代信息技术、新能源技术、智能制造技术和生命科学技术等。我国公众对前沿科技信息有较强的兴趣，有大量被访者相信科学家关于前沿科技信息的言论。[①] 如果科技工作者能够帮助公众对生物技术产品的性质、特点、可能的风险、风险评价的现状与困境以及该类产品的社会价值等信息有更多的了解，将有助于为公众积极参与生物安全评价过程提供机会，让生物技术的发展和管理过程更加透明、更加公正。为了提高公众对生物技术产品的接受程度，还需要生物技术及其产品

① 何薇，张超，任磊，等. 中国公民的科学素质及对科学技术的态度：2018 年中国公民科学素质抽样调查报告. 科普研究，2018，13（06）：49-58+65+110-111.

所涉及的多元主体，即政府、产业界和消费者代表之间进行持久公开的对话和交流。[①] 这样做可以促进当事各方形成社会共识，或者让大家在了解各自立场方面进行有益的沟通，有助于理性地认识生物安全问题，消除公众的过度恐惧心理和疑虑，使生物技术进一步赢得公众的信任和理解。

① 白锡．略论农业食品生物技术的影响与接受程度．国外社会科学，1997（01）：55-59.

第四章

生物技术恐惧的社会影响

生物技术的发展已经对人们的心理产生了比较深刻的影响，在社会层面出现了生物技术恐惧现象。反过来，生物技术恐惧会不同程度地影响人们的生物技术态度和生物技术产品的消费选择。本章将重点探讨生物技术恐惧的经济影响、政策影响、舆论影响。

第一节　生物技术恐惧的经济影响

生物技术恐惧对人类社会已经产生了多方面的现实影响，它在政治、经济、文化等层面带来了一定的消极作用。生物技术恐惧的存在会影响一个国家和地区的生物技术社会化、产业化、市场化进程，也可能会通过生物技术恐惧信息的扩散和叠加而演变成一定范围的社会恐慌。

一、对生物技术发展的阻碍作用

在现实社会，生物技术恐惧所带来的负面影响往往会在一定程度上妨碍生物技术的发展。只要认为技术会影响自身的利益，每一个人都可能成为“卢德分子”。由于恐惧，技术批判主义者积极反对甚至要遏制生物技术的发展，成为强烈的技术保守主义者。由于恐惧，有人倡导人类社会回归传统，追求最少技术应用的不发达社会。当然，这是一种不现实的想法。但是，我们必须承认，对生物技术发展的过度恐惧则会制约技术开发和产业化进程，影响其产品的推广和应用。可以想象，如果公众的利益诉求得不到满足，对生物技术的恐惧心理又得不到合理释放，将有可能演变为较大规模的抵制生物技术发展的群体性事件，甚至会影响社会的稳定。

二、生物技术恐惧的威慑作用

在公众的生物技术恐惧心理中，反映了他们对生物技术发展异化作用的高度敏感性。在实践中，公众的生物技术恐惧心理已经成为一种可被他用的威慑力量，具有一定的政治色彩和经济色彩。比如说，某些组织和个人会制造出一定的生物安全事端，借助媒体来炒作和夸大生物技术的恐惧成分，进而形成一定的社会恐慌。人们对生物技术产品推广过程中的生物安全问题进行激烈争议，这并非只是一个简单明确的科学问题，而是渗透了政治、经济、文化和宗教等许多社会因素。在现实社会，一些利益集团、组织和个人时常利用公众的生物技术恐惧心理，使之成为实现其他经济利益诉求等方面的借口和博弈筹码。

三、从生物技术恐惧走向社会恐慌

美国思想家爱默生曾讲过，恐惧较之世上任何其他事物更能击溃人类。[①] 恐惧具有自我放大性和人际感染性，当没有一个制衡或者消解它的力量存在时，它就会蔓延为社会恐慌。恐慌其实是恐惧被无限放大的结果，恐慌一旦发生，便展现出对社会的巨大破坏力。例如，14 世纪席卷欧洲的那场黑死病，夺去了约 1/3 欧洲人的生命。由于当时社会的医疗卫生水平十分低下，许多人只能听天由命，绝望中的恐惧经过人际传播，最后汇聚成为大范围的社会恐慌。人们在恐慌中会做出破坏性强的荒诞事

① 文夫 . 中外名人名言：3000 年人类智慧精华 . 上海：文汇出版社，2010：109.

情："鞭笞派"信徒开始集体自虐以防疫；有的宗教信徒则认为这是世界末日审判的来临，成批的教徒长途跋涉去朝拜，结果饿死在朝圣路上的人比病死的人还要多；也有人把罪孽归为犹太人，对其大肆屠杀。正如英国哲学家罗素所指，恐惧是迷信的主要来源，也是残酷的主要来源之一。因此，克服恐惧是睿智的开端。[①] 历史已经证明，无知、愚昧所引发的恐惧会给人类社会带来较为严重的灾难。

在人类社会，社会恐慌从来没有远离我们，它很容易因一个偶发事件而在一瞬间被激发。但平息它却要耗费巨大的人力、物力和财力。如果持续时间较长，甚至会对某一区域的生产、生活造成停滞性影响。除了对社会秩序和经济发展产生影响外，恐慌还会对当事人造成持久的心理后遗症，比如持续的心理压力，经常性地回忆恐惧情景，总是担心类似的事件还会发生等。人们一旦接触与事件相关或相似的事物就会非常敏感，这种心理症状甚至会影响人们很长时间。

由于生物技术和人们的日常生活息息相关，由生物技术恐惧演变为社会恐慌的可能性要大于其他技术。因此，我们要严格防范生物技术恐惧演变为生物技术社会恐慌。到目前为止，人类社会还没有真正经历过大规模的生物技术社会恐慌。如果我们对已经发生的食品安全舆情事件进行分析，从"有毒蔬菜""三聚氰胺奶粉""有毒饺子""金属镉超标小麦"等案例就可以发现，食品安全领域是在和平年代容易引发社会恐慌的主要领域之一。毕竟，食品安全问题几乎与每一个人都高度相关，更容易受到社会公众的广泛关注。生物技术的发展和应用与食品领域的关系十分密切。这就容易让人们去警惕某种生物技术的应用与食品安全存在内在的关联。因此，我们有必要建立长期有效的生物技术社会恐慌防范机制，而对生物技术恐惧的调适就成为一项重要的现实任务。

---

① 文夫. 中外名人名言：3000 年人类智慧精华. 上海：文汇出版社，2010：109.

第二节 生物技术恐惧的政策影响

生物技术恐惧作为生物技术发展舆论的一种社会心理基础，会影响生物技术研究和产业政策的制定。为防范社会舆论所担忧的生物技术风险，政府管理部门已经考虑采取必要的生物风险防范与治理措施。政府部门可以通过政策及相关法规的制定、完善和调整，对生物技术的研究、开发和应用进行必要的干预、限制和引导。考虑到不同国家的公众对生物技术的接纳程度有所不同，各国政府持有的生物技术政策会存在一定的差异。当前，发展中国家的农业经济对于生物技术的依赖度较高，因而对现代生物技术的发展往往采取中立的态度。我国是最大的发展中国家，就以我国为例来分析政府和公众对生物技术发展的态度。

我国是人口众多的发展中国家，积极促进农业增产、保障国家粮食安全是一项极其重要的现实课题。目前，我国科研机构拥有生物技术的自主研发能力，与国外相关领域的差距较小。我国在发展生物技术及其产业的过程中，也要充分考虑此项技术的社会影响以及由此引发的社会心理问题，我们要认真分析公众对生物技术发展的心理和态度。尽管我国政府在科技政策和产业政策制定方面具有重要的主导权，也要考虑生物技术发展方面的舆情和民意，以避免公众生物技术恐惧情绪的放大和蔓延。

在我国社会舆论中，以生物技术恐惧为主题的争论并不多见。在官方报道中，有关农业生物技术发展的正面信息占绝对优势。因此，主流宣传的正面报道培养了公众的生物技术乐观态度。在现实社会生活中，多数人的跟风行为也是在为生物技术发展的乐观态度呐喊造势，形成一种大环境下乐观接纳生物技术产品的社会氛围。但是，我们仍然要谨慎关注我国公众的生物技术态度，希望公众对生物技术的发展既不是过度的恐惧，也不是一边倒的喝彩声。

第三节　生物技术恐惧的舆论影响

生物技术发展由于具有重要性、新颖性以及与人类利益的密切相关性，才引起人们的高度关注。人们对其发展过程中的不成熟性、不确定性以及可能存在的风险感到忧虑和质疑也在情理之中。可以说，生物技术论战是在科学圈内外进行，而生物技术产品的安全性成为论战的焦点。由于立场不同、思维方式不同、话语体系不同、知识背景不同等原因，论战双方在理解同一问题时，往往会得出不同的结论。比如知名媒体人崔永元指出，你可以说你很懂科学，但他也有理由、有权利质疑你懂的科学到底科学不科学。这段话就涉及对科学划界与认知问题，也涉及公众理解科学的问题。

在科学技术与社会高度融合时，公众会及时关注科学技术的发展和应用。因此，人们对生物技术产品的安全性评价，很难看作是一个纯粹的科学问题，各种非科学因素也会广泛渗透。在不同知识背景、生活阅历和利益诉求的影响下，生物技术产品必然呈现出不同的社会形象。由于生物技术产品安全评价具有一定的系统性和复杂性，科学家还无法针对生物技术产品是否会对生态环境、人体健康产生危害等问题给出定论。可见，对生物技术保持一个科学和理性的态度是极其重要的。

由于现代风险社会中技术成分的日益增多，不断出现一些技术异化现象。公众对新兴技术发展的矛盾心理有不断增强的趋势，这在一定程度上会减弱公众对科技专家的信任感。这也是当前专家的观点时常被社会舆论反驳、调侃和轻视的一个社会原因。这从侧面提醒科学家要注意自身社会形象，自觉维护科学家声誉，勇于担当社会责任，切忌妄言妄行。

总之，人们对现代生物技术发展的争议是不会停止的。一方面，生物技术本身在发展进步着，会不断提出新的问题；另一方面，人们针对生物技术迅速发展可能会引发的不确定性风险而感到忧虑。这既需要进行解释和说明，也需要及早进行防范和化解。随着时代的发展和人民群众认知水平、生活水平的提升，人们对安全内涵的理解将不断深化，对健康安全、食品安全、生物安全和生态安全等方面的标准要求会越来越高。因此，当生物技术发展的现实与人们的心理预期之间有落差时，人们仍然会有不满、忧虑甚至是恐惧。

第五章 生物技术恐惧的理性分析

任何事物、社会现象的形成与发展都有其缘由，生物技术恐惧心理亦是如此。可以说，生物技术恐惧心理的产生从侧面折射了人们对生物技术健全发展与合理运用的内在诉求。因此，人们对生物技术发展和应用产生的恐惧心理有着比较深刻的社会根源，这种心理隐含着历史与逻辑的内在合理性。本章主要分析生物技术恐惧的社会价值，并在此基础上探寻其积极维度上的恐惧启示意义。

第一节　生物技术恐惧的价值

在科学技术日益发展的今天，不少人文主义思想家在守护人类家园、保卫人性的高度批判现代技术的非人道发展方向。他们认为，技术发展不但让人们产生了异化、紧张、焦虑和不安，还产生了“单向度的人”和“单向度的社会”。可见，人们的技术恐惧心理不仅反映出技术压力的存在，还容易成为技术批判主义者的有力口实。

从积极的意义上看，生物技术恐惧作为人们对生物技术发展后果的一种重要心理反应，包含着对生物技术发展消极作用的深层次透视和批判，也可以成为人们去约束生物技术滥用、误用的一种外在社会压力。从学理上分析，生物技术恐惧心理有其存在的现实合理性。乔瑞金曾经指出，人们在对技术的恐惧、害怕、厌恶和抵制过程中，必然会产生有意识的技术反思和批判，从而开始人类试图有效控制技术的历史。[①] 因此，在生物技术的恐惧反思中，人们希望生物技术的发展和应用要充分体现"尊重人""为了人""发展人"的社会宗旨，而不是给人类社会、生态环境造成一定的危害。为了实现上述技术目标，人们就会要求生物技术的发展和应用走向人性化、人道化的维度。

一、生物技术恐惧产生的合理性

佩罗指出，人们曾经认为社会进步和发展的决定性因素与根本动力是科学技术。但是，现在人们已经意识到当今社会最大的风险也是来自科学技术。[②] 在实践中，科学技术的发展伴生着风险的产生和扩散。比如现代生物技术从产生时起就引起人们的广泛争议，内容涉及政治、经济、社会、法律、伦理、文化、宗教和生态等诸多领域。人们已经为此争论了很久，却一直没有取得更多的共识。由于生物技术已经产生了一些消极影响，并且仍具有潜在的风险，人们对这项技术产生一定的恐惧心理则属于人之常情。尽管生物技术恐惧心理会在不同程度上对生物技术的发展和应用产生妨碍作用，但我们也不能忽略其存在的现实合理性。

（一）生物技术恐惧的产生合乎人类心理发展规律

恐惧是人类的一种本能心理反应，它可以帮助人们回避风险，帮助人们在同自然界的风险因素抗争中增加生存的概率。人类就是在恐惧心理预警和引导下，通过不断努力消除产生恐惧的因素而使自身获得生存。恐惧心理迫使人类个体选择并实施安全的行为，从而在严酷的自然环境中生存

① 乔瑞金．马克思技术哲学纲要．北京：人民出版社，2002：6-7.
② 培罗．当科技变成灾难：与高风险系统共存．汕头：汕头大学出版社，2003：420.

下来。人类的恐惧心理既可以表现为个体的一种特殊心理状态，也可以表现为人类社会群体普遍性的安全防御心理，通过理性思考还可以上升为文化层面的忧患意识。恐惧使得人类个体在思维方法上学会了未雨绸缪，在行动策略上倾向于防患于未然。例如，当人们在观察到生物技术农作物的育种来源与众不同时，在听到各类有关生物技术安全风险的争鸣时，人们难免产生忧虑和恐惧。这本身就是人们对生物风险、生态风险产生忧患意识的自觉体现，具有一定的合理性。

（二）生物技术恐惧的产生合乎技术发展规律

任何技术类别都有一个发展和完善的过程，具有发展的阶段性和局限性。在生物技术发展的初期，难免会存在一些技术缺陷和不足，仓促应用就会给人类社会带来一定的危害和风险，引起人们对此项技术的恐惧心理。如果要减弱人们对生物技术的恐惧，对生物技术本身的完善是必不可少的。但是，生物技术的发展，在弱化一部分人的生物技术恐惧的同时，又会使另一些人对生物技术新形态产生恐惧心理。因此，人们的生物技术恐惧心理会伴随生物技术的总体发展历程。

（三）生物技术恐惧的产生合乎社会发展规律

一般说来，技术本身就是一个系统，它与社会系统各要素之间紧密关联在一起，会构成一个更大的“技术－社会”系统。因此，我们有必要从整体上对技术的发展进行分析。技术哲学家拉普认为，人类社会会根据给定的技术知识和技能，根据特殊的价值和目标观念，能够在经济过程的框架内生产和应用技术系统。[①] 整个技术系统中的所有条件和因素都是相互作用和相互制约的。同样地，生物技术的发展和社会系统各要素之间也具有密切的相互联系。生物技术一旦应用于社会层面，其发挥的作用就可能与其初始目标相背离，就会出现所谓的技术价值分裂现象。可见，生物技

---

① 拉普. 技术哲学导论. 刘武，康荣平，吴明泰译. 沈阳：辽宁科学技术出版社，1986：142-143.

术恐惧的产生不但与生物技术本身相关，而且与其他社会要素的影响密切相关。

人类为了满足自身基本的发展需求而创造并发展了生物技术，人就成为生物技术发展的主体。有学者认为，在评判各类技术时不能依靠自身力量或同它一样只有客观性的物体来实现其价值，而只能依靠具有主观能动性的人赋予技术各种价值。[①] 这就是说，在讨论生物技术的社会价值时，必须充分考虑使用它的主体状态。在社会实践中，不同的人类个体具有多样化的社会评判尺度，使用和对待生物技术的态度也会各不相同。

当前，生物技术的发展与经济、政治、军事等领域的关系十分密切。例如，有一些国家开始从军事战略上探索生物技术在军事领域的运用，如通过揭示一些对人类危害极大的致病原理，使这些因素对人类的破坏和伤害变得更为精确有效。[②] 人们试图设计出所谓的基因武器以便实现对目标根本性的精准打击，从而增强战争的杀伤力。从技术发展的历史来看，上述技术目标并不能完全排除。人们开发出的新技术手段往往会优先在军事领域大显身手，之后回归民用。因此，从生物技术存在着非和平应用的可能性来讲，这必然会给人们带来忧虑和恐惧。

二、生物技术恐惧与生物技术的矢量性

生物技术不但会产生巨大的力量，也有其力量释放和应用的方向性，呈现出一种力的矢量特性。人们已经很难完全驾驭任何一类生物技术革新，由此引起人们内心的不安。今天，人们生活的这个技术世界已经极其敏感，生物技术恐惧弥散其中。

（一）生物技术的矢量性

动物体细胞克隆技术是生物技术开发的一个前沿领域。可以说，在 20

---

① 邱惠丽，宋子良．论技术“价值分裂”的四大根源．科学学研究，2002（03）：230-233.

② 周志坚，郭继卫，孙世俊．军事生物技术的“生物政治”问题研究．医学与哲学（人文社会医学版），2010，31（08）：12-14+34.

世纪末期，没有哪一项技术能够比得上体细胞克隆技术对人类的认知和心理世界产生的冲击力了。人们对克隆羊这个科学事件产生了广泛的、强烈的社会反应。从人们对虚拟“克隆人”的激烈论争中，可以明显感知到人们对克隆技术发展产生的不是喜悦，而是恐惧。对人类个体的自然生存、生育状况以及社会伦理秩序、法律秩序来说，克隆技术是一种深层次的挑战。稍加思考就会发现，人们的忧虑不无道理，如果借助克隆技术去随心所欲地改造人类生命形态，将会给这个世界带来怎样的变化？怎样的风险？当人造的生命体突然降临人世时，人类社会又该如何对待呢？今天，人们一方面赞叹生物技术能力的强大，另一方面又对其不可抑止的发展趋势感到震惊，这背后隐含着人们的许多无奈和乏力。

克隆人的出现与否，需要历经时间并用技术实践来加以检验，不是谁想“克隆”就能“克隆”的事。但是，克隆人已经成为一个内涵十分丰富的现代技术隐喻，给在技术生存状态下的现代人提供了许多严肃的谈资，给媒体提供了许多传播素材，给学者对生物技术进行深层次理解与多维诠释提供了研究课题。总之，克隆技术的发展给人们带来了喜忧交加的复杂情感。这个技术隐喻暗示了如下较为深刻的道理：因人而生、而长的技术力量是一种强大的矢量，有大小更有方向。究其实质，人们对克隆技术发展和应用方向的不确定性而深感恐惧。在宏观视域中，人们应该更多地从生物技术应用的复杂社会环境中去寻找生物技术恐惧产生的根源。

（二）超越生物技术恐惧

现代遗传学是生物技术发展的一门核心基础学科，也是在发展和应用过程中遭遇很多社会争议的一门学科。正如诺贝尔生理学或医学奖获得者多塞指出的，人们对遗传学的新进展感到恐惧是十分自然的。但是，人们的恐惧是否有道理？或者说这种恐惧心理合理到什么程度？人们常常对那种似乎无所不能的科学家感到畏惧。其实，可怕的不是科学家，而是那些被权欲所驱使且没有社会责任感的个人。这位科学家告诉人们应该如何对待社会层面的遗传学恐惧（也就是生物技术恐惧），这与复杂的社会因素密切相关，不仅仅是科学技术发展带来的单一产物。为此，我们要以理性的态度正视这场生物技术革命的积极价值，而不是被恐惧所打倒。

我们必须承认，在现代高度技术化的社会中，人们已经无法回避技术发展的社会逻辑，人们甚至开始更多地依赖于这个技术世界，并希望通过改进和完善技术来实现自己更多、更加美好的愿望。但是，没有人能够保证生物技术不会被误用和滥用。生物技术的发展和应用在实践层面还是带来了一些新的问题，这让人们感到焦虑不安。无论如何，人类社会还是要向前发展的，人们还要继续平安地生活下去。

在社会实践层面，人类个体的生存和成长过程，就是一个不断认识世界、不断认识自我和不断完善自我的过程。这个过程充满风险，也充满期待，也需要我们的价值理念和思维方式与时俱进。面对科学技术日新月异的发展趋势，面对生物技术发展带来的新现象、新事物和新问题，我们要充分地进行研究和分析，做出科学理性的判断。为此，我们在分析世界变化的同时，也要分析我们自己；我们在改造客观世界的同时，也要不断地改造我们自己的主观世界，从而实现两个世界的和谐统一。[①] 为了迎接生物技术大发展、大应用的新时代，我们需要提前在思想认识和技术心理上作好比较充分的准备。

三、生物技术恐惧的难以消除性

（一）生物技术的负面作用难以避免

生物技术的负面作用与所谓的技术价值分裂有关。一般说来，技术一旦进入社会应用层面，它发挥的作用就会受到社会价值导向的影响，而与技术研发的原初目的发生一定的背离，这就是技术价值分裂现象。具体来说，生物技术在开始研发时的设计价值与某种社会价值是契合一致的，或

① 刘科．科学和技术：天使抑或魔鬼？（五）：对克隆技术矢量的恐惧及人类中心主义的技术观．自然辩证法通讯，2004（05）：1-3.

者说是为了实现某一社会价值目标而服务的。但是，生物技术社会价值的多元性也决定了生物技术用于实现其他社会价值目标的潜在可能。

随着时代的发展，一种生物技术的设计价值可能逐渐淡出历史舞台，其他价值转而代替原有的设计价值而成为主流价值。在多数情况下，价值转移和价值分化是在一个技术物上同时体现的。无论什么样的价值分裂形式，都会导致生物技术负面作用的必然存在。但是，生物技术的正负作用是相对而言的，只是有时一个呈显性，另一个呈隐性。值得注意的是，即便站在相同社会价值的立场上，生物技术也并不一定表现出它的正面价值。换句话说，在这种情况下生物技术的负面作用也必然发生。生物技术的负面作用是以生物技术全体作为样本，这就决定了负面作用难以避免。生物技术的负面作用必然存在，还不包括由新技术本身不成熟或操作不当引发的情况。生物技术的负面作用会对与生物技术相关联的人造成情绪上的负面影响，这种情绪可能是不安、压力、焦虑和恐惧。在生物技术可能产生负面影响的地方，就会让人们产生恐惧心理。

（二）生物技术恐惧的持久性

一类生物技术恐惧消失了，另一类生物技术恐惧又可能冒出来。特别是每经历一次技术革命、产业变革和社会革命，就会有一种主导的技术恐惧出现。生物技术恐惧的具体性告诉我们，对同一种技术，虽然某些人不再对其产生恐惧了，但另外一些人的技术恐惧感依然存在。可见，在人类社会出现生物技术恐惧是一件难以避免的事情。只要存在着生物技术及其社会应用，生物技术恐惧就是人类命运和社会生活的一部分，因而具有持久性。

虽然生物技术恐惧不可能在人类社会彻底消失，我们也决不能成为一个静观事变的宿命论者。在人类社会发展史上，人类精神正是在应对一切危机和挑战中彰显自觉性、主动性、能动性和创造性的。因此，人类个体能够对自身心理和情绪进行调整，也能够对生物技术发展的方向进行积极规范和引导。

第二节　生物技术恐惧的启示

人类之所以会保留着恐惧的感知能力，是因为恐惧受到人类趋利避害的本能激发，具有积极的生存理性。在充满机遇与挑战的生物技术世纪，我们从人文价值的视野反思并梳理人们的生物技术恐惧心理，有助于预防和规避潜在的生物风险，有助于生物技术的健康发展和应用。人们在生活实践中保持一定的生物技术恐惧感是必要的，可使其发挥一定的警示意义，进而在一定程度上预防生物技术风险的产生。

一、生物技术恐惧的正面影响

一般说来，技术恐惧对技术的发展会产生一定的积极反思。人们在已有技术恐惧经验的基础上，往往就会对当下技术发展产生一种敌视态度。在不能完全避免技术滥用、误用的情况下，人们就希望放慢或停止技术发展的步伐。[①] 这种敌视态度并不完全是非理性的，它是人们技术态度的一种反映，是对技术健全发展的某种期待和诉求。技术恐惧特别反映出人们对技术发展现实与人们社会期待之间的心理落差，有助于人们进一步反思技术风险和技术责任失范等问题。可以说，生物技术恐惧能够在一定程度成为保障生物技术健全发展的限制性力量。例如，许多人对“克隆人”产生的恐惧心理汇聚成强大的社会舆情，已经使政府、科学团体、科学家更加审慎地对待克隆技术的发展问题，严格回避生殖性克隆的研究方向。

在人们的猜测和担心被证实之前，生物技术恐惧心理从正面意义上激发了人类对自身健康安全、未来世代安全和生态安全等方面的保护意识。因此，生物技术恐惧的警示作用会影响生物技术的发展，它会从积极的意

---

① 刘科．技术恐惧文化背景下的“克隆人”概念及其现代启示．理论界，2006（10）：87-89.

义上强化人们对生物技术风险乃至总体生命安全风险的正确评估，进而促使政府和行业部门制定相应的法律法规，为生物技术的推广和应用构建制度和技术层面的防火墙。希望最终能达到这样一个目标：规避生物技术的安全风险，使之朝向有益于人类个体、有益于自然生态和有益于人类未来的方向发展。当下，人们对生物技术产生的恐惧心理，充分反映了人们的底线思维和风险思维。

韩小谦认为，我们对技术发展的必然性不仅应该控制，而且能够控制，这既是一个人类认识发展的过程，更是一个历史的实践过程。[①]但是，人类的理性并不能在事先完全认识和控制生物技术应用所产生的一切负面后果，就难免会给人类社会带来不同程度的恐惧心理。也即，生物技术的恐惧心理是技术社会历史发展的一个必然产物。因此，我们要把生物技术恐惧放在特定的科学发展背景、社会历史背景中去正确认识和理解。

当前，生物技术恐惧心理正在逐步融入技术文化的社会建构中。少数人在生物技术恐惧心理的影响下，对生物技术的发展和应用持不信任的态度，也试图减少生物技术的应用范围，甚至抵制生物技术的开发和应用行为。在现实社会中，有理性思考能力的人们都不可能完全接受生物技术或者完全放弃生物技术，而应该在这两者之间找到一个平衡点。在这个平衡点上，人们的生物技术恐惧心理可以发挥其理性审视的作用。

二、生物技术恐惧的启示意义

从个体心理适应的角度讲，人类社会的发展历史就是人类不断克服和战胜恐惧心理的历史。在现实生活实践中，人们不可能完全消除外源的恐惧感。因为新的恐惧因素和类型不断产生，特别是由新兴技术发展和应用引发的多种风险导致的恐惧与日俱增。对处于现代技术风险社会的人们来讲，有时候真正可怕的并不是存在某种恐惧的事物或现象，而恰恰是人们凭借强大的技术力量而没有任何的戒惧和道德底线，自认为“无所不能”，

① 韩小谦．技术发展的必然性与社会控制．北京：中国财政经济出版社，2004：4.

从而去“为所欲为”。

（一）恐惧的一般意义

正如克尔凯郭尔所讲，恐惧是人们害怕的一种心情，即一种厌恶的东西；恐惧是一种威慑个人的外来力量，然而人们却摆脱不了它。[①] 回望人类社会漫长的发展历史，我们会发现“恐惧”是其中一个重要的关键词。可以说，人类社会的发展历史就是人类不断面临恐惧、不断摆脱恐惧，又不断面临新的恐惧的历史。我们必须承认，恐惧是人类近乎本能的自我保护反应，恐惧让人清醒，让人警觉，让人思虑，让人谦恭，让人低调，让人敬畏，让人仁爱，让人知廉耻荣辱，让人谨言慎行，让人远离伤害。因此，在人类社会发展过程中，保留一定的恐惧感对于人生和社会的健全发展有着不可或缺的现实意义。人们内心有所畏惧，就会行有所止，就会事有所不为，就会行稳致远。在当今风险迭起的人类社会，让人忧虑的是人们遗忘了历史上曾经发生过的各种恐惧事物及其重要启示，从而出现了对恐惧事物的集体无意识。因此，当真正的恐惧来临时，人们却没有任何防范的措施和手段，甚至连预防的心理都没有，这才是一件真正可怕的事情！

（二）生物技术恐惧激发想象、预见风险

在现代技术社会，人们要充分而合理地想象生物技术行为的长期后果和深远影响，想象其发展可能会带来的威胁人类生存的恶性风险，并努力把它找寻出来。人们要在内心嵌入忧患意识、底线意识和风险意识，从而更好地指导自己今后的各种行动。但是，人们想象中与生物技术发展相关的某些“恶性风险”往往是人们先前没有经历过的，它们甚至还没有直接威胁到人们的现实生活，也许只是人们的一种猜测。但是，那些风险的潜在威胁却难以完全消除，人们不能不去进行一定的防范。

---

① 克尔凯郭尔．颤栗与不安：克尔凯郭尔个体偶在集．阎嘉，等译．西安：陕西师范大学出版社，2002：110.

要积极地培养人们对技术风险的高度敏感性，培养人们对地球母亲和未来人类的无私关爱，利用自身的理性力量去大胆想象和预测。可以说，这是一种基于前瞻性、责任性的超越现实的思维训练，更是现代人对未来社会发展所持的一种开放生活态度，也是对子孙后代命运的一种庄严承诺和责任担当。为此，现代人应该培养一种新的时代情感，让人们面临仅仅是关注人类命运遥远预测的恐惧刺激时，发展出一种开放的态度。[①] 这种情感也是约纳斯所积极倡导和亲身实践的，这是一种对现实和未来充满责任的情感。

20 世纪中叶以来，科学技术的发展突飞猛进，给人类社会带来巨大的变革和不确定性，人类社会将走向何方？人类社会的前景是一片光明，还是黯然失色？包括约纳斯在内的思想家都在艰难地探索着人类社会文明发展的新路径。毕竟，已经出现了生态恶化、疫病流行、极端天气频发、资源短缺、能源危机、人口爆炸、信仰危机、道德沦丧和人性异化等问题，都在困扰着世界的可持续发展。约纳斯以其深邃的目光看到人类将会遭受更大的苦难，他奋笔疾书写下了《责任原理：技术文明时代的伦理学探索》，在全球明确倡导责任伦理学，向世人敲响警钟：我们要为千秋万代考虑，既不要自毁前程，也不要毁了后代的前程。

为了实现新的责任原理，约纳斯提出了“恐惧启示法”，告诉人们要优先预测未来让人恐惧的可能性，以此为基础积极启发人们的忧患意识，激发人们对未来危险情景的全面想象。通过这种想象，可以帮助人们修正自己的现实行为，将会有效地预防可能的灾难，或使之降到最低程度。如果人们想预防或阻止危险，就必须先弄清楚人类社会所面临的危险到底是什么？于是，约纳斯就指出，人们对厄运的预测应优先于对福佑的预测，因为只有当人们知道某事物处于危险时，人们才会去认识这种危险。[②] 约

① 方秋明．为天地立心，为万世开太平：汉斯·约纳斯责任伦理学研究．北京：光明日报出版社，2009：75.

② Jonas H. The Imperative of Responsibility：In Search of an Ethics for the Technological Age. Chicago：University of Chicago Press，1984：27.

纳斯反对为了实现虚拟的乌托邦而将人类置于困境之中的技术狂热行为，指出节制、审慎的行为应成为责任伦理的核心。总之，人们只有在预测到未来存在令人恐惧的可能性时，才能在一种被恐惧启发出的忧患意识中采取积极的行动，进而减弱乃至消除各种生物风险和技术风险。

（三）生物技术恐惧唤醒责任、敦促行动

可以说，人生艰难，世事叵测，人类与恐惧如影随形。恐惧绝不会因为人们的逃避和退却而自行消除。在一定的历史阶段，既然我们没有能力去完全消除和回避恐惧现象，就需要去认识它，甚至是接受它。人们要履行自己的责任，而不是听天由命、放任自流。当人们放弃努力和作为时，就会使恐惧放大，恐惧就会从可能变成现实。

人类的生物技术实践使农业生产、人口生产和医疗实践等活动的性质发生了根本性的改变，需要接受社会道德的系统审视。为此，我们要努力应对“技术至上论”和“技术乌托邦”的风险，应对社会高度技术化之后人人成为技术人的风险。我们要基于一定的生物技术恐惧心理去构建一种责任伦理，承担起对现代人、未来人、社会秩序和自然秩序的守护责任。正如利波维茨基所言，世界越是需要科学技术上的完美，责任感本身就越发成为一个“人为的构建物”，成为一个包罗着缜密、风险、矫正和创新的领域。[①] 可见，人类社会责任体系的构建是确保科学技术实现更加完美目标所需要的。

现代生物技术已经渗透到人类生活的几乎所有领域，已经关联到不同的责任类型。在生物技术的研究领域，科恩和博耶等科学家早在 20 世纪 70 年代就对生物技术发展可能带来的不良后果感到忧虑，他们自发地要求暂停一切有潜在危险性的基因转移实验。随着生物技术力量的不断增长，人类社会越来越需要呼唤并落实责任意识。人们首先要学会敬畏，实

① 利波维茨基．责任的落寞：新民主时期的无痛伦理观．倪复生，方仁杰译．北京：中国人民大学出版社，2007：235.

质上是为了更好地学会谦卑。为此，人们要时常怀有“恐惧和战栗”式的谦卑，这应成为现代人尊崇的一个德行。约纳斯认为，这里所提出的敬畏，不是因为人类太渺小，而是因为人类太伟大。[①]在生物技术等诸多技术力量的有力支撑下，人类获得了空前强大的改造世界能力。但是，人类并不能完全驾驭生物技术及其未来。在恐惧的有效启示下，人们从中引申出新型的责任意识以及人类应该承担的道德义务，即自愿节制、审慎行动，要使其进入科学家、工程技术人员和决策者等群体的价值视野，杜绝生物技术的误用和滥用，引导人们对生物技术的亲近与信任。

生物技术恐惧在给人们带来忧虑的同时，也在提醒人们要居安思危，促使人们反思其行为方式、生活习惯等，并进行十分有益的纠偏。基于生物技术恐惧心理，人们会更加谨慎地对待生物技术发展中的不确定性，加强生物风险的防范意识，进而规范生物技术的发展。例如，由于恐惧，人类社会促进了疫病防治的公共卫生制度的确立与完善，加强了基础卫生设施建设；由于恐惧，人们质疑转基因农产品的安全性，使人们对生物风险保持了充分的警觉，促使生物科学工作者积极寻找实验证据去说明问题、解决问题，进而在生物技术研究和推广过程中形成了“风险假定”和“事先防范”的忧患意识；由于恐惧，在国家层面出台了一系列规范转基因技术发展的法律法规；由于恐惧，绝大多数国家自愿加入《禁止生物武器公约》中来，并对生物恐怖主义保持高度的警惕……事实上，对热爱生活、热爱和平的人们来讲，谁也不希望历史上令人恐惧的关涉生物安全的悲剧再度重演。

今天，生物技术就是一种不可言说的力量，人类倾注自己的智慧来塑造它，它反过来又极大地影响甚至改变了人类的历史命运，还会给人类带来一些经久难忘的噩梦。在人们的思想意识中，生物技术知识的增加既表明了人类认识自然、认识生命与改造自然、改造生命能力的加大，也表明

① 李文潮．技术伦理与形而上学：试论尤纳斯《责任原理》．自然辩证法研究，2003（02）：41-47.

了人类认识自我与改造自我能力的加大。与此同时，这意味着人类要为自己的生物技术行为承担更大、更多的社会责任。因此，人们担忧生物技术的未来发展，其实就是在操心自己的未来。

三、生物技术恐惧对生物技术发展的制衡作用

（一）生物技术恐惧有助于全面透视生物技术的社会价值

众所周知，所有的技术都是在一定历史条件下的社会土壤中生成的。为寻找生物技术恐惧的根源，人们应该对生物技术研制、开发和应用的复杂社会环境进行逻辑解析。也就是说，我们有必要紧密结合与生物技术发展相关的人、社会环境、文化环境来认识和理解生物技术。斯塔迪梅尔认为，如果脱离了技术的人类背景，就不可能在完整意义上来理解技术。在人类社会中，技术价值不是中性的。那些设计、接收和维持技术的人的价值与世界观、聪明与愚蠢、倾向与既得利益必将体现在技术身上。[①]因此，生物技术就是人的自然本性在社会层面的折射和投影。如果试图脱离人的愿望、利益等因素理解生物技术，几乎是一件不可能的事情。

当生命科学走向生物技术实践之后，其社会后果会引起人们的高度关注。在实践中，生物技术的每一项新进展在给人们带来惊喜的同时，也会给人们带来忧虑。人们在作出任何针对生物技术发展的判断之前，要先了解生物技术发展和应用的事实，再去全面、理性地分析利弊。值得庆幸的是，当前有越来越多的人愿意冷静地立足于生物技术成长的社会环境，从不同的视角去考察生物技术发展的社会后果。

（二）生物技术恐惧有助于强化科学家的社会道德责任

在实践中，人类增进生物科学技术知识是为了增加认识自然、认识自身以及改造自然、改造自身的能力。但是，人类技术能力的增强则意味着人类要为自己的技术行为承担更多的社会责任和义务。在科学技术的实践

---

① 高亮华．人文主义视野中的技术．北京：中国社会科学出版社，1996：14-15.

中，科技工作者对人类进步事业要有高度的社会责任感，这是推动科技进步的重要精神动力。在当今大科学、高技术时代，大力发展科学技术已经成为一项重要的国家事业和国家战略。为此，科技工作者必须考虑科学技术应用的社会后果和自身的责任担当。进一步说，正确运用生物技术的发展成果来谋求人类福祉是科技工作者应该追求的职业道德。

生物技术的新发展赋予生命科学家前所未有的力量，也强化了他们的社会责任担当。生物技术在给人类带来福祉的同时，还有可能带来难以预料的风险，或者在给一部分人带来利益的同时给另一些人带来了某种伤害。面对生物技术发展引发的诸多现实问题，生命科学研究与开发领域的专家作为生命科学知识最主要的载体和生物技术活动的主体，有责任树立坚定的科学良心和职业道德，尽可能减少生物技术发展和应用的诸多风险。科学良心是科技工作者内在的思想道德，是道德认识、道德情感和道德意志的具体体现，对科技工作者的科研实践具有重要的影响。为此，生物技术工作者要坚持不懈地加强职业道德修养，树立底线思维和风险思维，逐步使自己成为既有技术能力又有社会良知的技术责任主体。生物技术的健全发展有赖于生物技术工作者在实践中自觉处理好生物技术积极社会功能的正常发挥与其他价值负荷的关系，逐步形成一个既有利于生物技术发展又充分考虑其社会效应的行为范式。

20 世纪 70 年代初，在美国生物学家伯格、科恩和博耶等人的创造性研究中，实现了重组 DNA 技术的历史性突破，使得生命科学从此达到了基因操作的层面。事实上，科学家一开始就关注到基因操作可能会引起的生物风险问题。科学家的建议在“伯格信件”和“阿西洛马会议”上得到了充分反映，科学家自身促成了基因操作过程中的“风险假定”原则。这项原则体现了一种自觉、审慎以及对社会公众与生态环境高度负责的科研态度，对整个生命科学发展的意义十分深远。今天，风险假定已经成为整个生命科学研究和生物技术开发中的一条重要指导原则。当下，人们在考虑生物技术风险时，都要有一个“风险假定”“风险评估”“风险防范”“风险监控”“风险治理”的连续过程。在上述每一个环节上，都应充分体现科学家的责任伦理。

1. 伯格信件的发表

伯格首先暂停了他的重组 DNA 实验工作。但是，其他实验室类似的研究工作却还在进行。考虑到这一问题隐含的风险，伯格就主动联系了一些在分子生物学研究领域中的关键人物，诸如沃森、津德尔、巴尔的摩等人。于是，这些顶尖级的科学家聚集在一起，共同分析了 DNA 重组实验的风险问题。从作为科学家的社会责任维度出发，他们决定不能对此置之不理。正如伯格所讲，我们唯一诚实的事情就是写一封信告诉我们的朋友，DNA 分子研究工作虽然有巨大的价值，也可能会产生出一些风险来。为什么不在实验掌控在手之前先暂停这些实验呢？①这件事反映了科学家求真务实、敢于担当的科学精神。

其后，以伯格为首的 11 名科学家共同签名的信件很快发表。信件着重指出，尽管重组 DNA 实验有利于解决生物学重要的基础理论和实践问题，但是，科学家有可能创造出包含易感性 DNA 成分的新型生命，而不能事先完全预知其生物学特性，也就不能完全排除此过程可能存在的风险。伯格等科学家敦促美国国立卫生研究院考虑尽快建立一个承担监控生命科学实验工作的顾问委员会，主要任务是评估重组 DNA 分子的潜在生物和生态风险，设计出科学、合理的指导准则，以便让从事此类实验的研究者遵循。

2. 阿西洛马会议的召开

1975 年，科学家在美国的阿西洛马会议中心组织召开会议，根据当时的知识对潜在的生物风险作出一个评估，认为为了确保科学研究工作的安全性，应该慎重对待实验过程的潜在风险，不能出现什么差错，而暂停实

① Duncan D E. Discover dialogue：biochemist Paul Berg. Discover，2005，26（04）：32-35.

验则是比较合适的选择。[①]

阿西洛马会议是对“伯格信件”所体现的负责任创新精神的落实。在科学技术发展的社会史上，此次会议被誉为科学家自我管理并担负起神圣社会责任的一个里程碑。由于采取了以上负责任的举措，生物学家赢得了社会公众的信任和社会舆论的好评。伯格等科学家的历史性贡献不仅仅在于他们是基因技术的开拓者，还在于他们积极关注并试图解决生物风险、技术风险，彰显了自己的社会责任意识。科学家主动担当行为的意义十分深远，他们主动防范了生物安全风险，宣传了生物安全防护意识，促进建立了重组 DNA 技术的研究准则，推动了相关实验室的操作规范。他们也使更多的科学同行认可了风险假定原则，使之成为生命科学研究和生物技术开发的一项基本工作原则。必要的基因重组实验管理和风险防范并没有阻碍生物技术的发展，通过消解公众的顾虑和恐惧，赢得了社会公众的广泛支持，促进了生物技术的有序发展。

（三）生物技术恐惧有助于技术责任伦理的形成

在日益技术化的社会，往往会出现一些被人们视为技术异化的风险。在生物技术发展领域，如果出现生物技术异化，谁来承担责任？寻找缺席的技术责任主体，事前、事中的风险防范是现代技术风险社会有效治理的必然要求。这里所说的风险并非都是当下就存在的真实风险，也有根据科学事实合理推断出的假定风险。

1. 生物风险的事实基础

在生命世界，一些细菌和病毒不但具有生命的基本特质，而且个体结构相对简单，遗传背景比较清晰，培养条件较低，很适合进行基因操作。因此，这些细菌和病毒常常在生命科学实验中被用作“模式生物”和“表达系”。例如，在实验过程中，伯格与其同事计划用重组 DNA 分子去感

① Berg P, Baltimore D, Brenner S, et al. Asilomar conference on recombinant DNA molecules. Science, 1975, 188 (4192): 991–994.

染大肠杆菌，以便研究外源基因在大肠杆菌中表达的问题。但是，科研人员普兰克在得知伯格的研究计划之后，就立即打电话提醒伯格要注意实验中可能存在的风险。伯格在认真思考之后，认为不能确保自己正在做的实验具有绝对安全性，就决定暂停了这个实验。①

2. 生物风险的逻辑基础

既然细菌和病毒是生物学家进行基因操作的实验对象，那么就把生物风险元素引入了实验室。具有一定危害性的细菌和病毒在实验室进行人工重组和增殖，实际上也就意味着生物风险的人工重组。

其一，基因实验操作有可能强化生物风险。既然一种生物的基因能够转移到另一种生物中进行复制表达，就有可能重组出新的杂种生物或某种超级生命体，有可能产生新的有害微生物或使已有微生物的危害性得到增强。

其二，实验室生物风险的可能逃逸。大肠杆菌在人体肠道和自然环境中普遍存在，在实验室进行重组 DNA 分子实验时，如果包含重组基因的大肠杆菌从实验室逃逸，就有可能成为传播人类疾病的媒介。这类媒介还有可能与人体内其他病原体交换遗传信息，会带来难以预测的风险。尽管这只是一种合理的逻辑推测，但这种生物风险却无法完全消除。

其三，生物风险的大范围扩散。生物技术研究与开发不可能永远只停留在实验室阶段，此后必然要进行相关新物种、新产品的环境释放，进而要走向大规模的产业化、市场化。例如，转基因作物有可能通过传粉产生基因漂移现象，进而将一些抗虫、抗除草剂的耐性基因转移给野生近缘物种或杂草，从而引发基因污染和生态危害。总之，生物学家对包括细菌、病毒在内的生命形态调控能力越强，对生命世界的干预就越多，其技术行为的风险系数则越大，这里呈现出一种正比例关系。

3. 科学家的责任伦理

综上所述，伯格等科学家在没有多少外来力量的干涉和影响下，仅仅

---

① Duncan D E. Discover dialogue：biochemist Paul Berg. Discover，2005，26（04）：32–35.

基于科学家职业的敏感性和内在的风险意识、责任意识，就对自己的研究行为进行深刻反省，主动暂停可能存在风险的科学实验。这是科学家从自发到自觉承担其社会责任的重要反映，其深远的示范引领效应不可低估。在当今技术风险社会，科学家不但要对实验室的研究行为高度负责，又要对实验室以外的技术影响担负不可推卸的社会责任。当科学研究过程有可能产生未知的风险时，科学家暂停、延迟或者放弃这些实验，深入思考并预防可能出现的危害，是一种正确的选择，更是一种社会责任担当。甘绍平指出，在现代社会，不伤害、自主、公正、关爱、尊重与责任是根本性的伦理原则，对观念分歧的一种包容、理解、妥协的态度，对不确定事物的一种从容、迟疑、审慎的精神，也是一个重要的伦理立场，或者说是一种珍贵的伦理意识。[①] 当前，为科学界普遍认可和执行的负责任创新就体现了上述伦理精神。

在科学技术迅猛发展的时代，科研人员既要充满智慧和耐心，又要满怀社会责任意识和风险意识。在面对可能的生物技术风险时，社会公众会对科研人员寄予很大希望。公众希望生物技术的各类操作行为都要尊重科学发展规律，遵循严格的操作程序，要按照以人为本的原则，认真对待并及时预警、处理各种潜在的生物风险。正如20世纪原子能科学家对应用原子能于和平目的的呼吁那样，现在已经到了生命科学家对他们的研究成果的可能消极应用予以关注，并努力使人类免受其害的时候。可见，在恐惧的启示下，生命科学家关注自己研究行为存在的风险因素是其应有的责任担当。试想，在充满不确定因素的风险社会中，假如科学家不能担负起自己的社会责任，不能及时地向公众告知生物技术风险，也不能很好地保护公众免受生物技术风险的侵害，那么，我们作为普通人又该如何保护好自己呢？

4. 确立前瞻性的责任伦理

今天，科学技术的发展对自然界和个体生命的干预能力越来越强。对

① 甘绍平．论一线伦理与二线伦理．哲学研究，2006（02）：67-74+128.

此，约纳斯等学者积极倡导科学技术时代的责任伦理，引起许多人的思想共鸣。这种责任伦理以人们未来的行为及其后果为导向，具有前瞻性、预防性的鲜明特色。责任伦理强调一种事先责任的确立和落实，而不是主张单纯地对事后过失进行追究问责。如果能够做到这些，人类社会为风险付出的发展成本将会大大降低，社会的运行将更加有序。

在科学技术与生产一体化的发展背景下，从科研活动的开始就提出了科学家的责任问题。对于科研人员来讲，一种未来导向的前瞻性责任伦理意识是必不可少的。近四十年来，更多的生物技术类别走向商业化和市场化，取得了巨大的成就。随着科学研究态势的改变，科学家群体也在逐步分化。如果说 1975 年参加阿西洛马会议的科学家是进行纯粹科学研究的代表，那么今天在分子生物学领域的纯粹学术研究占比较少。有学者指出，目前有不少高级研究者都与生物技术公司有着复杂的利益关联，考虑研究风险从而进行自我约束的情形就变得日益复杂了。[①] 越是在极其复杂的科研生态环境下，越是突显科学家的自律与反省精神的重要性，要弘扬风险假定责任伦理的时代意义。无论人们是寄希望于外在的制度安排、法律规范，还是钟情于生命伦理原则、技术伦理原则的约束，似乎都离不开科学家对自己研究行为的责任担当。因此，希望生命科学家不要低估自己行为的社会后果，把社会公众的安全与健康、生态安全的保护和防范置于特别重要的位置。

在科学技术大发展、大变革的背景下，海德格尔曾这样讲：真正莫测高深的不是世界变成彻头彻尾的技术世界。更为可怕的是人们对这场世界变化毫无准备，我们还没有能力去沉思，去实事求是地辨析在这个时代中真正到来的是什么。[②] 在其意犹未尽的话语中，无疑包含一种对潜伏的技术风险的深层次忧虑。因此，在这样一个充满风险的技术时代，“预见

---

① Barinaga M. Asilomar revisited：lessons for today?. Science，2000，287（5458）：1584.

② 海德格尔 . 存在的天命：海德格尔技术哲学文选 . 孙周兴编译 . 杭州：中国美术学院出版社，2018：182.

风险—认识风险—防范风险—消解风险”是我们必须正视的一系列现实任务。我们不可能在风险来临时，才去追问风险到底是什么，风险的等级是多少，谁来处理风险，谁来承担风险的责任。如果事后才这样做的话，也许一切都太晚了。

为了避免技术的沉沦和风险，无论是存在主义大师、后现代主义大家、生态保护主义的先锋，还是生命伦理学家，他们都针对现实问题提出了各种建议。但是，他们却在技术时代不可阻挡的洪流中显得十分的无助和无奈。因为他们也许都已站立在思想圣殿的中心，却始终只是技术世界的边缘人。[①] 谁能担当此历史重任？只有活跃并行走在技术世界中心的那些人物才有能力承担历史的责任。他们拥有专业性极强的知识和技能，使自己有别于普通公众；他们既认识自然又改造自然，既理解生命又操纵生命，既制作技术、扩散技术又使技术物化；他们有能力把人类社会引向理性和智慧，有能力去预防、通告、化解可能的风险。在人类社会，拥有知识意味着拥有权力，更意味着要履行相应的责任。当假定的风险真的来临时，那些声名显赫的科学家和技术专家是逃脱不了责任的！

（四）生物技术恐惧有助于生物技术政策的合理调整

如何正确认识和对待生物技术恐惧？如何调适人们对生物技术的恐惧心理？如何给生物技术创造一个适宜的社会发展环境？这都是我们必须关注的现实问题。生物技术恐惧会给人们带来特殊的影响，也关联到人们的生物技术态度。为此，我们不仅要了解和分析生物技术恐惧的社会影响，而且需要分析人们如何看待生物技术恐惧。

当前在国内外民众中存在着不同程度的生物技术恐惧。在生物技术逐渐处于核心竞争地位的现代社会，我们不否认生物技术发展可能会带来的负面效应。我们必须直面生物技术恐惧问题，全面认识和评价生物技术恐惧的社会价值和启示，通过政策规范限制或克服生物技术发展的消极后

---

① 董峻．技术之思：海德格尔技术观释义．自然辩证法研究，2000（12）：19-24.

果。我们要通过积极有效的媒体传播和社会心理调适，通过制定合理的生物技术发展和产业政策，真正使生物技术健康成长起来。国际社会及各国政府的制度规范是保障生物技术健康发展的必要条件，而科学家共同体的行为规范是确保生物技术造福人类社会的重要因素。通过积极发挥政府、集体和个体的力量，同时要善用媒体的影响力，为生物技术健康发展营造一个良好的发展空间。

第三节　生物技术恐惧的张力

现代人对克隆、基因重组、基因编辑、嵌合体等生物技术概念及其社会含义的广泛争议给我们带来许多思考。我们要认真分析人们的生物技术恐惧所包含的情绪化、非理性影响，弱化人们对现代生物技术及其应用产生的抵触情绪。在对生物技术保持适度恐惧心理的前提下及时完善相关政策，以便我们以正确的态度对待生物技术的发展。在当今科学技术昌盛的时代，人们应该拥有免于技术恐惧的自由。生物技术的发展应该更多地体现以人为本的根本宗旨，应该更多地实现“人民至上，生命至上”的价值目标，而不是对人类个体造成伤害。

人类社会是不可能完全消除恐惧感的，人类社会的发展历史就是一个不断克服恐惧心理的历史。在一个社会中，有时真正可怕的并不是某种恐惧感的存在，而恰恰是人们没有任何恐惧感了，从而为所欲为。在实践中，人们内心保持一定的技术恐惧感可以促使人们进一步反思技术的价值和技术责任主体问题，反过来成为保障技术健全发展的一种约束性力量。例如，人们在多年前对克隆人问题的普遍关注和恐惧心理形成了较为强大的社会舆论力量，促使各国政府、科学家更加审慎地发展克隆技术，积极地促进克隆技术的有序发展和合理应用。

综上，生物技术恐惧有其存在的合理价值和现代启示意义。我们要努力在免于生物技术恐惧的自由与生物技术恐惧感之间保持必要的张力。在现实的技术社会中，保留适度的生物技术恐惧感具有一定的积极意义，它促使人们高度重视并认真对待生物技术发展和应用过程中的消极影响，帮助人们推进科学、技术、自然、社会和人类的协调发展。因此，我们辩证地探讨生物技术恐惧的内在合理性，探讨其积极的社会预警和启示意义。适度利用人们的生物技术恐惧心理，发挥此种心理对生物技术发展限制性影响的合理因素，在制定相关科技和产业政策时平衡社会各方面的利益，防止生物技术的误用和滥用，避免研究开发和市场化的盲目性。

我国的科学技术发展在近代历史上起步太晚，起点较低。在我们所处的阶段，技术多重性的内在冲突尚未真正激化，现代性的危机尚未完全展开。我们有可能从西方社会所患的工业文明病中汲取发展教训，防范误用和滥用科学技术给人类社会带来的各种负面影响。曾经有一个时期，我国学术界由于受当代西方人文主义思潮的影响，反对科学主义和技治主义、呼唤人文精神的声音此起彼伏。[①] 这样做虽然有其一定的积极意义，但也包含了许多消极影响。因为在这些声音里包含着对科学精神的严重误解，也就是把科学精神等同于科学主义和功利主义，之后又同人文精神对立起来。这显然与大力发展科学技术、推进我国现代化建设的社会氛围是不相容的。我们面临的主要不是科学技术发展过快，不是科学主义和技治主义过于膨胀的问题。因此，如果把科学精神与人文精神对立起来将会产生有害的社会后果。[②] 换句话说，我们在探讨技术恐惧时，一定不能脱离现实世情、国情和社情，要紧密结合科学技术在我国发展和应用的实际情况。我们不能对技术恐惧进行过度解读，更不能误读。

当然，生活在恐惧的阴影中并不是一件好事，我们也不希望生活中出现更多人为的恐惧事件。但是，正如有学者所讲，恐惧已经成为公众普遍的情绪，一些社会学家甚至认为今天的社会可以被恰当地描述为恐惧文

① 孟建伟．论科学的人文价值．北京：中国社会科学出版社，2000：281.
② 孟建伟．论科学的人文价值．北京：中国社会科学出版社，2000：282.

化。恐惧已成为一种被文化所决定的放大镜，可以透过恐惧来观察世界。[①]在生活实践中，人们总会因人因事而产生不同程度的恐惧心理。究其实，恐惧心理是难以消除的，旧的恐惧形态消失了，新的恐惧形态又将产生。

在此，我们有必要把生物技术恐惧心理当作一种风险思维、底线思维方式，当作一项有效的生物技术风险预防原则。在我国，技术崇尚文化的流行决定了我们缺失一种技术恐惧文化。与西方社会相比，我们缺少了风险思维对生物技术进行有效制约以及审视的路径。这就好像一辆汽车，它的刹车系统存在一定的缺陷，但司机对此茫然无知，依然驾驶这辆汽车在高速行驶，这不是存在着很大的风险吗？这个问题难道不值得我们深刻反省吗？刹车系统本身就是一个技术系统，即使它很完善，在使用中也会产生一定的磨损，也会出现故障。这就是说，刹车系统根本不是万能的，经常性地查看和检修却是必需的。因此，人类社会对整个科学技术系统的批判性审视是必要的，也具有深远的现实意义。

① 史文德森．恐惧的哲学．范晶晶译．北京：北京大学出版社，2010：4.

第六章

生物技术恐惧的社会调适

生物技术恐惧心理是一个涉及政治、经济、法律、文化、教育和伦理等诸多领域的综合问题。生物技术的发展要求我们客观认识生物技术恐惧心理，以便我们能对生物技术的发展和应用保持理性的认知态度，避免对生物技术的发展和应用产生过度的抑制作用。我们要在客观审视的基础上，对生物技术恐惧心理进行积极有效的社会调适。通过构建适度、合理、开放的社会舆论认知体系以及采取必要的生物技术管理、监督和规范措施，形成能够有效调控公众生物技术心理的社会机制，充分疏导和化解人们的生物技术恐惧心理，让公众更好地接纳和适应生物技术时代。要进一步引导和规范生物技术发展的方向性，努力实现“兴生物技术之利、除生物技术之弊”的发展目标。

第一节　生物技术恐惧社会调适的必要性

人们对生物技术发展及其后果所产生的恐惧和焦虑是不容忽视的技术心理现象。由于生物技术的发展与农业、食品、制药和公共卫生等领域直接关联，我们需要在保留必要的生物技术恐惧启示的前提下，积极地探索减弱人们生物技术恐惧心理的可能路径，确保生物技术得到合理的研究、开发和应用。因此，对生物技术恐惧心理进行积极的社会调适，具有多方面的理论价值和现实意义，这涉及人们如何正确看待生物技术的价值、如何合理应用生物技术等现实问题。

一、有助于人们客观认识生物技术的发展趋势和价值

（一）帮助人们客观认识生物技术的发展趋势

人们的生物技术恐惧心理既源于生物技术发展引发的消极因素影响，也源于生物技术发展过程中的虚假信息误导。进一步说，人们一旦形成生物技术恐惧心理，会倾向于关注生物技术发展的负面影响，很难在认识生物技术性质和社会价值方面保持必要的客观性，也会对生物技术的认识出现主观偏差。因此，弱化人们的生物技术恐惧心理，不要用过度恐惧的眼光来看待生物技术世界及其周遭的人和事物，必将有助于人们客观认识生物技术的发展现状与趋势。

1. 全球生物经济发展的潮流势不可挡

20世纪中后期以来，全球生物技术的研究与发展一直都是比较活跃的领域，其社会化和产业化已经成为一股不可逆转的时代潮流。人们恐惧也罢，迎难而上也罢，都不会改变生物技术时代的发展潮流。历史已经证明，人类社会的发展离不开生物技术的强大支撑，人类生存与社会经济的进步对生物技术有十分强烈的需求。人们已经看到生物技术产业的迅猛发展，生物技术新产品、新服务不断涌现并走进人们的生活，改变了人们的生活状态，提高了人们的生活品质……可以说，基于生物技术全面发展和应用的生物经济给世界各国带来了前所未有的机遇。生物经济已经成为新的、充满活力的经济增长点。

目前，全球范围内生物技术和产业呈现加速发展的态势，许多国家都对发展生物经济作出重要部署，把它作为获取未来全球经济竞争优势的一个特别领域。欧美、亚洲的一些国家都制定了一系列发展生物技术产业的

扶持政策。当前，日本生物技术产业化、实用化的步伐正在不断加快，其目标就是要更多地占领世界市场。总之，现代生物技术的发展将会有力地推动农业绿色革命、医学医药革命、生物能源革命和生态保护革命等，也会为保障生物安全乃至总体国家安全提供有力的技术支撑。

2. 我国生物技术发展成就斐然

新中国成立之后十分重视生命科学的研究和开发工作，取得不少有影响的创新成果。例如，我国科研人员人工合成牛胰岛素。我国现代生物技术的全面研究与大发展起步于 20 世纪 80 年代。863 计划中将生物技术列入我国高技术发展的一个非常重要的领域。我国提出要以发展高效农业为研究重点，主要围绕两系杂交水稻的开发；把新型药物、疫苗和基因治疗作为医药高新技术产业化的重要突破口；不断推进蛋白质工程、农业和医学生物技术应用基础研究，做好生物技术发展的技术储备工作。

我国的生物技术产业水平与发达国家相比差距并没有传统产业那么大。在 21 世纪，为了实现农业进步、经济社会高质量发展和人民群众医疗卫生保健水平的不断提升等目标，我们必须牢牢把握住发展现代生物技术产业这个历史契机。经过我国生物科技人员多年的辛勤努力，我国的生物技术产业由起步进入蓬勃发展的阶段，实现了从跟踪仿制走向自主创新、从实验室研究走向产业化的转变。我国已经建立了一批高水平的生物技术发展平台，形成了一批具有自主知识产权的研究成果，研制出一批对国民经济、民生福祉有重要作用的产品，建成了一批生物技术企业和生物产业园，使我国生物技术研究、开发和产业化的整体水平逐步提升。目前，生物产业是我国确定的一项战略性新兴产业。现代生物技术已经在农业、医药、轻工、食品、海洋开发、环境保护等领域得到应用，生物产业逐步成为国民经济的主导产业，已经取得良好的经济效益和社会效益。

我国相继制定出台了一系列生物技术发展的政策，比如《生物产业发展规划》《农业绿色发展技术导则（2018—2030 年）》《“十四五”生物经济发展规划》等，这些政策的出台有助于加快我国生物技术产业化的步伐。但是，我国生物技术产业的健全发展需要以政府为主导，需要高等院校、科研机构和产业界等方面的密切合作，也需要取得社会舆论和社会公众的大力支持，不断实现生物技术创新和产业创新。总之，在理解、包容和开放的社会环境中，要有序推进我国生物技术产业化的步伐，使其充分发挥在国民经济发展和公共卫生事业中的渗透和牵引作用。

（二）帮助人们客观认识生物技术的社会价值

与传统产业相比，生物技术产业具有投资高、风险大、周期长、收益大、社会影响面广等特点，这就决定了生物技术的推广和产业化需要来自社会系统的长期支持。在前文中已经提到了生物技术与农业、医疗卫生等行业密切相关，体现出社会价值的广泛性和重要性。如果人们从心理上抵触生物技术的发展，就容易形成片面化认识，不能正确认识生物技术的价值，就会错失生物技术发展内含的价值和机遇。可见，建立公众生物技术心理调控机制，能够为生物技术的社会化、产业化创造良好的群众基础和社会舆论空间。

二、有助于人们形成健全的生物技术心理

在当今社会，生物技术恐惧是人们对生物技术发展可能带来的生存危机的一种反应。可以预见，未来三四十年将是我国生物技术社会化和产业化极为活跃的时期。随之而来的就是传统生物产业的升级与新兴生物产业格局的调整，以及人们生活、生产方式的重大变化。通常而言，人们对突然走进社会生活的新技术会有一段不适应期，会对新技术的应用产生不安、焦虑、恐惧甚至是一定的敌视情绪。由于生物技术恐惧心理的存在，人们对生物技术的接纳就会存在一定的障碍，会出现一定的滞后期。在心理层面，人们对生物技术的态度不宜简单地拒绝和抵触它的发展，而应该用积极的心态去应对生物技术发展带来的新变化和新挑战，并采取一定的措施和手段来处理那些可能的风险。在实践层面，不能让恐惧心理主宰我们的想象力而对生物技术发展的多重正面社会价值视而不见。恰当的生物

技术态度就是不要走向极端化，对生物技术的发展不能盲目排斥。特别是不能因为一些虚拟的恐惧感而去否定甚至破坏生物技术正常发展的社会空间。为此，政府、科技工作者、企业和媒体担负有一定的社会责任。

生物技术有其应用的具体社会环境，也会对社会系统产生多重影响。要正确处理好生物技术与人、生物技术与社会、生物技术与自然界的关系。我们要充分发挥生物技术发展的益人性，兼顾生物技术的社会效益、经济效益和生态效益等。生物技术发展益人性的实质是实现生物技术与人的双向适应、双向促进。如果人们受生物技术发展负面舆论影响不去接纳生物技术，就会错失生物技术潜在的多重价值。因此，在生物技术发展的利弊权衡中，对生物技术恐惧心理进行社会调适的作用和意义将更加突出。

我们要紧密结合现实国情，将政府、科学共同体、社会公众和媒体的力量有机地整合在一起，加强生物技术的科普宣传力度，让公众参与生物技术发展的舆论信息更加科学明晰。借助现代媒体对公众进行长期有效的科普宣传，使公众的生物技术心理在对生物技术的应用方面形成基本共识，创造一种公众普遍认同和接纳的社会氛围。正如里夫金所讲：每一次生物技术的突破都会有益于社会某些人，每一项技术似乎都会提高个体、群体或作为整体的社会的未来安全性。因此，正朝人们走来的生物工程不是威胁，而是希望；不是惩罚，而是一种赐予。[①] 这段话建议我们要以一种积极开放的心态去理解生物技术发展的社会价值。

三、有助于塑造理性的生物技术发展观

人们的生物技术恐惧心理具有两面性，既可能发展为对生物技术的谨慎乐观态度，也可能演变为对生物技术发展的盲目恐慌和抵制。我们要积极营造生物技术发展的舆论环境，形成理性的生物技术态度。虽然说要积极调适人们的生物技术恐惧心理，但不能矫枉过正，也不能对生物技术的

① 里夫金．基因社会学：生物世纪前夕的遗传学与教育．项亚光译．国外社会科学文摘，2000（06）：24-28.

发展盲目乐观、无限推崇。我们要认真分析公众生物技术态度形成过程中的影响因素，进而结合生物技术发展的实际状况来改变人们的生物技术态度。既要纠正已经形成的主观化、情绪化的技术态度，又要重塑公众对于生物技术发展的理性态度。

通过积极调适公众应对生物技术发展的态度，进而协调好生物技术与社会发展的关系，使人们能够更好地理解生物技术、适应生物技术、接纳生物技术、监督生物技术以及规范生物技术。运用可行的调适手段，弱化公众对生物技术的过度恐惧心理，使公众对生物技术持有一种恰当的态度。经过不懈努力，最终建立能够及时调控公众生物技术态度的长效社会机制。在现代社会，每一位公民都享有免于恐惧的权利，也应该做到“心存敬畏，行有所止”。生物技术恐惧社会调适的目标不仅仅是让人们免于生物技术恐惧心理，而在于能将这种恐惧升华为审视和规范生物技术发展的反省力量，为生物技术的健全发展开辟空间。

进一步设想，如果我们不能有效缓解社会公众针对生物技术发展和应用的疑虑或抵触心理，必将会妨碍生物技术的健全发展。为此，我们需要积极调整和提升人们对生物技术的认知理解能力、心理承受能力以及社会适应能力，为生物技术的发展创造良好的社会条件。基于生物技术发展的美好前景，人们没有什么充分的理由去叫停生物技术的发展。

第二节　生物技术恐惧的社会调适原则

对生物技术恐惧进行社会调适的目标可以简单地概括如下：运用现有的教育体系、媒体系统和法律制度，通过科学知识普及，通过沟通交流，通过生物技术决策领域的民主协商和公众参与，不断提升公众的生物技术认知水平，进而影响和改变公众的生物技术态度。对公众的生物技术恐惧进行调适要坚持公正性、针对性、预防性和差异性等原则，以此来保证调适的效果。

一、调适主体的公正性

在当今日益多元化的技术社会，要影响和转变社会公众的生物技术心理，不能通过强制性的行政手段去实现，而是要通过媒体宣传、科学普及和科学教育的积极引导。在此，担当此类任务的主体要有立场的公正性、知识的客观性、身份的权威性，还要具备良好的社会公信力，才能对公众的生物技术心理调适起到一定的积极作用。

具体说来，要实现心理调适工作的公正性，赢得公众的社会认同，调适主体不能有商业组织背景，不能是商业利益的代言人。要在政府的主导下，通过第三方机构和专业科研人员进行公众心理的社会调控。这些机构和专业科研人员不能接受商业机构、其他利益集团的资助，确保其言行的社会公益性。在进行生物技术心理调适过程中，要向社会公众及时、客观地传递明确的生物技术发展信息。所谓的“客观”是指传递的生物技术信息要有科学事实依据、符合科学精神，不夸大其词，不弄虚作假；所谓的“明确”是指生物技术信息不能含糊、模棱两可，要严格消除掩盖事实、回避矛盾、混淆公众视听的行为。

二、调适对象的针对性

生物技术恐惧总是在一定时期内针对具体的生物技术类别，发生在特定地域、特定人群中的社会心理现象，这就使生物技术恐惧具有历史性、具体性和可变性等特征。在现实社会中，同一社会不同生活背景、不同利益诉求的人群可能会对同一种生物技术持有截然相反的态度。比如，关于人工辅助生殖技术，一些人基于传统家庭伦理、生育伦理表示忧虑或反对，而那些遭受不孕不育问题困扰的人群则持赞成态度。这要求我们必须做深入细致的社会调研，弄清楚生物技术恐惧人群的构成、数量、文化程度、年龄和区域分布等信息。在此基础上，才能够有针对性地采取调适措施。在实践中，人们的社会心理是十分复杂的，具有多层次、变动性和主观性较强的特征。如果不采取因人而异的针对性原则，生物技术恐惧心理调适工作的效果就难以保证。

三、调适目标的预防性

如果说生物技术恐惧心理是一个社会问题，那么生物技术恐慌就是一类社会危机。截至当前，我国还没有真正遭遇生物技术发展和应用引发的较大规模的社会恐慌。但是，与生物技术发展密切相关的食品安全事件却时常受到社会舆论的密切关注，并在一定程度上影响了人们的社会生活，也影响了此类技术的发展和应用。一般说来，当某种社会危机真正来临时再去控制它所付出的代价要远远高于预防危机的代价，这就体现了底线思维、风险思维的价值。目前，我国的生物技术恐惧人群在数量上还非常有限。因此，我们要把调适的重心放在预防上，放在生物技术风险防范与责任机制的建立和健全上。即便将来遭遇较为严重的生物安全危机问题，我们也可以把损失降至最低程度，也使社会公众的生物技术心理不受到严重的冲击。

四、调适方法的差异性

我们所采取的各种生物技术恐惧调适方法必须具有可行性、个体性和差异性。要充分考虑现有的生物技术发展水平、经济基础、文化传统、公众技术心理状况和公众科学素养水平等因素，特别要尊重社会个体差异。以上因素会直接影响生物技术心理调适方法的推行效果。

现代责任伦理学认为，当人们在对待某一行为抉择的益处与风险暂时得不到一致的答案时，而科学知识也无法提供必要的论据支持，决断的个体化就是一项比较明智的战略，最好让公众自己承担选择的责任以及这种选择带来的后果。[①] 同样地，在不少社会公众对生物技术产品的安全性仍

① 甘绍平．论一线伦理与二线伦理．哲学研究，2006（02）：67-74+128.

然存在担忧、困惑的情况下，首先应当尊重公众的个人意愿，保障其有自主选择的权利。因此，实施某些生物技术产品强制性标识管理，维护消费者的合法权益就是一个非常可行又明智的做法，这也是落实决断个体化战略的具体措施，也有助于缓解部分公众的生物技术恐惧心理。这从法律、道德和制度层面保障了消费者的知情权与选择权，由消费者根据自己对风险的承受程度和生活习惯来决定是否接受此类产品。这必将有助于人们以一种温和的、理性的心态来对待生物安全问题，避免了欺诈、激进和草率的商业言行，最终有利于妥善解决生物安全的评价问题。

第三节　生物技术恐惧的社会调适方法

对生物技术恐惧心理的社会调适，就是要主动采取举措使得公众的生物技术心理朝着科学、理性的方向发展。要通过主动干预的方法使公众的生物技术态度发生转变，为生物技术的产业化和社会化创造适宜的生长空间。可见，对人们生物技术恐惧的社会调适研究，既涉及人们对生物技术社会的认知、理解和适应问题，也涉及生物技术与人类自身、人类社会的协调发展问题。

一、通过普及生命科学知识影响公众的生物技术态度

我国政府一直高度重视面向社会公众的科学普及和科学教育活动，通过推广科学技术应用、倡导科学方法、传播科学思想、弘扬科学精神等一系列活动，来不断提升公众整体科学素养、激发公众科技兴趣。在此，向公众普及生命科学知识具有以下多方面的现实价值。

（一）有助于公众形成理性的生物技术态度

科学普及的本质是传播科学知识、弘扬科学精神，不断提高公众科学素养。对公众进行技术心理调适的根本目的就是要实现公众技术态度的转

化。科学普及与公众心理调适的关系，其实质就是技术知识与技术态度的关系，它们之间具有很强的关联性。调查显示：公众所掌握的知识与其态度之间并没有稳定的关系。那些具备了一定科学知识的受访者与科学知识相对缺乏的公众相比，只是有可能针对生物技术的发展持有明确观点。公众对生物技术的支持率并非与其掌握的知识量成正比。[①] 这反映了知识量的多寡与公众技术态度之间的复杂关系。人们对生物技术的知识掌握得越多，并不必然对其有更多的支持。

在复杂的社会历史中，存在知识与恐惧态度成正比的一些现象。20 世纪 40 年代，包括爱因斯坦在内的世界著名科学家联名反对发展核武器就是一个鲜明的例子。可见，知识不是唯一影响生物技术态度的因素，甚至不能说是决定性因素。尽管如此，我们不能否认公众的科学素养对一个国家社会进步的重要意义。无知只能带来生物技术发展盲目的集体无意识。我们宁要知识进步带来的一些技术恐惧，然后采取必要的措施来调适技术恐惧，也不要无知带来的盲目技术乐观。此外，面对生物技术发展有可能引发的复杂多样的社会伦理问题，社会公众往往追逐各类媒体的现成观点并受到深刻影响，往往缺少针对生物技术发展过程的科学认识。人们早就意识到采用技术手段、技术工具并不能完全解决技术引发的社会问题。技术一旦投入社会应用，它就不再被技术发明家或技术专家掌控了，而被各种复杂的社会因素所左右。但是，普及生命科学知识，提升公众的生命科学素养，促进公众对生物技术的理解和认知，有助于公众理性对待生物技术的发展及其引发的各种社会问题。

（二）有助于公众认清生物技术恐惧的实质

人们的许多恐惧感类似于面对黑暗时的感觉，而知识正如一盏能够帮助人们走出黑暗恐惧的明灯。一般说来，缺乏生命科学知识无疑会使人们

① 李正伟，刘兵．生物技术与公众理解科学：以英国为例的分析．科学文化评论，2004（02）：61-74.

失去主动识别风险与恐惧的能力和评判标准，难免会放大和扩散已有的恐惧感。

医疗卫生和教育部门在较大范围进行预防获得性免疫缺陷综合征（艾滋病）基本常识的普及工作，帮助人们了解主要传播途径（包括性接触、血液接触、母婴传播），帮助人们积极、合理地防治艾滋病。人们对艾滋病的认识和理解多了，对其过度的恐惧心理就大大减少了。可以说，人们认识和弱化生物相关的恐惧需要借助一定的生命科学知识。人们生物技术恐惧心理的形成与对生物技术缺乏了解甚至是误解高度相关。如果能够解决人们的生物技术认知问题，便能消除人们的部分恐惧心理。政府相关部门、主流媒体应该让社会公众更多地了解新型疫病和生物安全方面的知识，既可以减少公众的恐惧心理，又可以不断增强公众的风险防范意识。

总之，科研人员对复杂生命运动规律的认识深化，将会逐步增加生命科学的知识总量。在丰富而深刻的生命科学知识指导下，公众将会逐步减少对生物技术发展的恐惧感。

（三）有助于公众正确识别生物技术恐惧的虚构成分

生命科学知识有助于公众了解生物技术恐惧的真相并消解其中的虚构成分。既然生物技术恐惧在一定程度上是人们缺少知识引发的，给公众及时补课就有可能从认识上纠正偏差、改变技术态度，进而消解公众对现代生物技术及其应用的不安和焦虑。有研究者认为，现代生物学和生物技术正逐步走进人们的日常生活，“克隆”“基因”“基因组”等这些专门的科学术语正在成为日常用语，但知道它们确切含义的人并不多……人们这种对基因“或爱或怕”的两极分化往往源于对基因的无知。[①]一般说来，人们对自己不了解的事物，会倾向于采取崇拜或恐惧的极端态度，这类态度就容易被人误导和利用。为此，社会公众需要了解一定的生命科学知识，以便澄清误解，正确理解生物技术发展的社会意蕴。

---

① 方舟子．基因时代的恐慌与真相．桂林：广西师范大学出版社，2005：293-294.

生物学家对公众技术心理进行社会调适是确保生物技术健全发展的一个重要方面，他们对公众的生物技术恐惧疏导的作用比较突出。有学者指出，科学共同体的个人觉悟、道德情操、思想品格以及高尚的人文精神都将对生物技术的发展起到极大的推动作用。[①] 面对较为复杂的科技发展舆情，科技工作者要做好科学普及工作，在展望生物新技术发展的美好前景时要实事求是，要让公众及时了解生物技术发展的可能风险以及存在的问题。

（四）有助于人们理解生物技术时代的特征

生物技术的发展速度比较快，带来了许多新变化。然而，人们对生物技术世界的适应和接受与这些变化并不同步，往往滞后。为此，我们要培养公众在科学技术发展领域中与时俱进的思想观念，使公众能够更好地理解生物技术时代的特征，能够对生物技术社会快节奏的发展和变化有一个比较充分的心理准备。换句话说，要使公众以更加积极主动的心态迎接技术环境的变化，而不是消极地等待环境适应人。[②] 总之，提升公众对生物技术时代的认知和接纳能力，需要科学界、教育界、政府和主流媒体的共同努力，帮助公众正确对待生物技术的发展，不断减少生物技术恐惧心理。

二、采取积极的社会舆论引导

在生物技术快速发展的时代，社会舆论是调适人们生物技术恐惧心理的一条重要路径。媒体具有强大的社会调节功能，能够从积极意义上调解人们的技术社会心理，具有减压阀的功能。媒体在弱化公众生物技术恐惧方面影响较大，应该充分发挥其减压阀的功能。尤其是在网络和自媒体力量发达的今天，政府和社会组织应该更好地发挥新媒体的传播优势。结合

---

① 赵迎欢，陈凡．“后基因组时代”的生物技术伦理．医药世界，2004（04）：23-26.

② 吕纪增．如何调控现代科学技术对人心理的消极影响．河南教育学院学报（哲学社会科学版），2002（01）：32-35.

现实世情、国情、社情，通过适当调整生物技术发展的舆论导向，努力实现生物技术健康发展的目标。

（一）依靠政府部门的积极引导

要建立持久稳定的公信力，政府相关部门必须确保所发布的生命科学、生物技术发展信息达到以下基本要求。一是可靠性。内容要建立在科学权威的基础上，要真实客观，具有可验证性。二是公正性。政府发布的信息背后不代表任何利益集团或机构。三是及时性。确保公众能够在第一时间得到他们想要了解的生命科学信息，而不是滞后的辟谣信息。四是可操作性。为公众提供方便获得生物技术信息的途径，如推出专门的网站、微信公众号和电话咨询热线等。可操作性还体现在所发布的信息内容对于大多数人来讲要通俗易懂、深入浅出。五是社会性。在舆论引导时要聚焦生物技术与社会的关系。大多数公众感兴趣的不是生物技术内在的技术原理和技术路线，而是生物技术发展对他们的现实生活会产生什么影响，给他们的生活带来了便利还是风险。

政府部门要创造条件、搭建平台，让公众参与决策，尊重其知情权，保持双方经常性、有效性的沟通，这是增加政府部门公信力的重要举措。政府部门要发挥积极的引导作用，严格监督、治理媒体虚假科技信息的发布和传播。社会的复杂性决定了某些利益集团、组织、个人出于各种各样的动机散布引发社会恐慌的信息，这些信息是虚假的、片面的，具有较强的社会误导性，必须依法依规进行治理。

政府部门的立场对公众的生物技术态度具有重要的导向作用。这种影响力有效实现的基本前提是政府机构必须具有强大的公信力。比如，英国政府曾经对外宣称牛海绵状脑病（疯牛病）不会传染给人。1996 年却爆发了疯牛病危机，社会公众就开始怀疑政府的公信力，不再相信政府的言行，转而从其他信息源为自己的认知和判断寻找依据。可见，在公众生物技术态度的影响方面，信息源的可信度大于信息源传播的信息本身。一旦公众不再信任政府或某个权威机构、组织时，它们发布的信息将无人理睬。

（二）依靠媒体的积极舆论引导

媒体对生物技术恐惧的产生有着特殊的影响，对公众技术态度具有很强的导向作用。媒体在成为调适生物技术恐惧心理的重要工具之前，自身必须做一些社会目标的调整。科学技术信息和科研成果在转变成科学新闻时必然包含了媒体自身的理解，这种理解未必就能真实解读并客观反映科学技术信息的实质。另外，传播什么、如何传播会受到媒体自身特点、市场机制以及社会政治经济环境的影响。媒体往往带给受众的是被再次加工的具有一定价值倾向的科学技术信息。我们要结合现实国情，借用媒体的强大影响力，加强宣传力度和科普推广，让生物技术舆论信息更加明晰。

早在 20 世纪 80 年代中期，我国不少媒体因助长伪科学的气焰造成了不良的社会影响，如大肆宣扬“水变油”“永动机”“信息茶”等伪科学信息。因此，有许多声音呼吁要提高科技新闻报道内容的客观性，提高媒体从业人员的科学素养以及社会责任感。

三、通过有效的沟通与公众的积极参与

由生物技术应用引发的风险往往会衍生以下后果：一是引发公众对该项技术的恐惧心理；二是增加公众对科技活动、科技专家甚至是政府管理部门的不信任感。此时，政府管理部门要采取以下措施：一是安抚公众的技术恐惧情绪，引导公众正确看待生物技术；二是采取积极的补救措施，使政府重获公众的信任。通过舆论引导可以实现公众生物技术态度的转变，也可让公众与政府和科研机构之间进行沟通交流，使公众参与相关科技政策制定的听证过程，有利于公众对生物技术发展形成社会共识，进而得到更多人的理解和支持。

要积极构建公众能够参与交流和沟通的网络平台。公众的有效参与是理解和监管生物技术的重要方面，有助于为生物技术的发展和应用奠定扎

实的群众基础。充分发挥网络平台开放性、互动性的优点，构建一个公众认识、理解生物技术发展的网络平台。首先，通过平台及时、客观地发布生物技术的最新研究动态和应用成果，让公众发表意见和建议，并对公众的质疑及时作出答复，可以增进公众对生物技术的理解和认识，使公众经由科学认知形成自己的识别力和价值判断，最大程度降低由舆论误导造成虚拟恐惧的可能性。其次，公众的积极参与有利于作出符合各方利益的科技决策和产业政策，尽可能减少生物技术发展出现的社会争议，有利于生物技术的产业化和市场推广。

引导公众自主、自觉参与生物技术评价和决策过程。由于生物技术的发展和应用事关社会公众的切身利益，要从制度上明确公众对生物技术发展的知情权、监督权和管理权。这既是科技发展与应用信息公开化的要求，也是政府决策民主化的基本要求。为此，要进一步明确公众参与生物技术发展的方式、程序和途径。加强生物技术发展的社会舆论宣传力度、提升公众的认知程度，建立和完善科学普及的机制势在必行。对话交流有利于增进公众与科技工作者之间的相互理解，能够使科技专家更加全面地了解民意和社会需求，及时调整科研方向，使科学研究和技术开发工作更加符合社会利益和广大人民群众的根本利益。对公众生物技术态度和舆论的有效引导是政府、媒体、教育等部门共同发挥作用的结果，也需要社会团体和社会组织的积极参与。

四、通过社会规范形成认同机制

要建构能对公众生物技术态度进行调控的长效社会机制，就需要对生物技术活动进行规范和约束，结束生物技术误用和滥用的历史，给公众树立能够保障生物技术健全发展的信心。

（一）充分发挥法律法规的规范作用

为了预防生物技术恐惧事件的发生和在更大范围的社会扩散，缩减其负面影响范围，就需要从国家层面乃至全球层面制定法律法规，既要规范生物技术的研究、开发及其产业化、市场化进程，也要防范生物风险和技术风险。此外，我们还要完善生物技术所涉及的健康、环境、安全等方面的法律法规，为生物技术的发展提供一个相对完善的法律规范体系，健全各部门所制定的生物技术发展战略。这些法律法规的制定使得我国的生物技术应用管理有法可依、有法必依，进一步实现我国生物技术健康发展的目标。

首先，对于非技术发展因素导致的生物恐惧事件，要从公共政策和法律制度方面对已经发生的事件进行深刻反思，认真汲取经验和教训。例如，需要进一步完善公共卫生方面的全国立法，还有不少地方尚未建立起完善的针对疫病发生的预警、监测、调查和报告机制。医疗卫生知识的普及和教育工作也十分有限，媒体上却充斥着夸大其词的保健品、营养品广告。此外，有学者指出，疫情的发生提醒我们要注意跨物种之间的疾病感染问题，要全面禁止食用野生动物、宠物动物，建议结合我国实际情况修改《野生动物保护法》。[①]上述建议在新修定的《野生动物保护法》中已经得到体现。总之，要加强疫病防治事业的法律法规建设，使疫病防治工作科学化、常态化和法制化。

其次，对于生物技术发展导致的生物恐惧需要认真分辨其实质，有针对性地采取防控举措。例如，国际社会已经为禁止生物武器扩散进行了不懈努力。1971 年联合国大会通过了《禁止生物武器公约》。但是，有专家认为，从技术和国际政治两个层面看，生物武器仍具有扩散的条件和动力。国际社会为有效防止生物武器扩散必须加强国际合作，加强和完善国际生物武器不扩散体制。但《禁止生物武器公约》存在着没有解决核查机制问题的缺陷[②]，这使得《禁止生物武器公约》的出台并不能完全阻止生物武器的扩散，仍然留下很大的安全隐患。

在当代社会，充满合理性的行动指南和法律规范会在很大程度限制人

① 邱仁宗 . SARS 在我国流行提出的伦理和政策问题 . 自然辩证法研究，2003（06）：1-5.

② 刘建飞 . 生物武器扩散威胁综论 . 世界经济与政治，2007（08）：49-55+4.

类行为的随意性和非理性。通过制定法规规约现代生物技术的发展和应用，使之沿着健康的方向发展，有助于减弱社会公众的恐惧感，也有助于现代社会的良性运行。有不少国家为预防和解决生物技术产品的研制、开发及应用过程中可能引发的生物安全问题已经制定了相应的法规。为防范生物恐怖主义，也会涉及生物实验室的安全管理、危险实验品保存及处置、敏感生物技术知识的保护规范问题，这需要国际社会的共同努力。

正如有学者所讲，生物技术的发展不仅是一个技术积累的过程，也是一个体制积累的过程，它与经济、产业和社会体制具有密不可分的关系。[①]生物技术的发展已经不仅仅是一个科学技术问题，已成为各国政府密切关注的综合性社会问题。因此，我们要把对生物技术的恐惧调适放到法律法规层面，既可以调适人们的生物技术恐惧心理，又能有力地规范人们的生物技术行为。

（二）及时调整生物技术发展政策

随着生物技术的迅速发展，我们需要认真研判部分人群的生物技术恐惧问题，制定出适合我国国情的生物技术发展政策。加强生物技术研究与开发的规范性有助于保障生物技术的健康发展。我国需要在生物安全法规、政策制定和执行上把握好一定的尺度。通过借鉴他国经验，结合我国国情，我们应坚持科学和务实的态度，加强生物技术研究规范管理，强化生物风险防范机制，在努力预防和规避风险的同时保障生物技术的有序发展。

五、通过技术手段监测与防范生物风险

科学家以严谨的科学态度推断在遗传操作中可能会存在某种未知的风险。既然生物技术风险的可能性不能完全排除，就有必要对这些风险进行分析和有效评估，进而积极采取风险防控的措施，实现保护社会公众健康

① 李晓龙，刘建亚. 生物技术产业发展战略与政策研究. 北京：经济科学出版社，2006：337.

和生态安全的目标。

（一）生物实验室安全准则的制定

一般说来，生物技术操作的原创性成果都是通过实验取得的。因此，现代生物实验室就成为一类可能的风险源。为了保证实验室本身及其对社会环境、自然环境的安全性，就必须严格规范生物实验室的所有研究行为。有科学家认为，在设计实验时要把防范和处理潜在的生物风险作为一个基本考虑；充分评估风险的大小并采取相应的防范措施。在进行实验之前，实验室负责人有义务告知全体人员有关此类实验潜在的危害。还需要通过自由和公开的讨论，使得每一位参与实验的成员能够充分理解实验的性质和可能涉及的任何风险。最后，要求所有实验人员必须熟悉为控制风险而设计的防范程序，进而接受完全的训练。[①] 美国国立卫生研究院于1976年颁布实施《重组DNA分子研究准则》，这是关于基因操作的指导原则，对以后其他国家制定相关条例和法规起到重要的示范意义。美国通过对操作重组DNA分子以及包含重组DNA分子生物体的研究和应用进行一定程度的管制，有利于从制度上消除实验室的风险隐患，有利于提高生物实验室的安全管理水平。

（二）生物风险的实践检验

在人们激烈讨论实验室的生物风险时，最终还要对这些风险是否存在、风险大小进行实践检验。伯格等分子生物学家在一开始担心大肠杆菌重组杂种从实验室逃逸之后会带来人体健康风险。后来的研究表明，大肠杆菌重组杂种的生命力十分微弱。科研人员连续两年对相关生物实验室的研究人员进行粪便检测，没有发现实验所用的大肠杆菌和质粒。因此，如果在研究和实验操作过程中严加控制、妥善管理，上述潜在的风险是可以

① Berg P, Baltimore D, Brenner S, et al. Asilomar conference on recombinant DNA molecules. Science, 1975, 188 (4192): 991–994.

避免的。[1] 可见，对生物风险和生物技术风险的认知经过了一个曲折和反复的过程。在寻求生物安全的证据方面有其复杂性，需要对生物风险进行持久且反复的证伪或证实。但是，一旦出现生物风险并且造成了严重失控，谁又能去承担责任呢？

总体上说，对于生物技术操作及生物技术产品的风险验证不是一蹴而就的事情，它需要长时间的验证，也需要在一个较大的空间内来验证。一方面，生物技术的发展会带来新的实验类型、实验结果和实验产品，也可能会伴生新的不确定性风险；另一方面，很多生物技术产品已经进入环境释放阶段，将逐步实现产业化、市场化，这使得风险的评估范围和难度都加大了许多。

（三）生物风险的监控与管理

“防患于未然”这条古训所包含的忧患意识具有前瞻性、深刻性和底线性。因此，生物风险防范意识、生物安全防护措施是整个生物技术操作实验必不可少的重要组成部分。人们要采取必要的手段和措施，加强对未知生物风险的监控与管理，进而防范发生重大的生物风险事故。

1. 实验室层面的生物风险防控

首先，要强化生命科学研究和生物技术开发等相关实验室的安全设施，主要包括硬件和软件建设。在实验室的硬件建设方面，可以根据实验室安全分级相应地装配多重空气过滤器，以及进行实验操作的生物安全柜等。同时，对上述设施要有专业技术人员的定期维护，使之能正常发挥效用。科研人员还要对实验的风险等级进行预先评价，以便在相应安全等级的实验室里进行操作。在实验室的软件建设方面，主要是对实验室行为进行严格的规范管理。进入实验室的任何科研人员都要牢固树立生物安全意识，严格遵循各项实验室管理制度和操作规范，对实验中的每一步新发现、新情况都要慎重对待，在向环境释放重组生物体时要进行充分研判，

---

① 王虹. 保罗·伯格. 遗传，2006（12）：1487-1488.

科学预测可能出现的不良后果。事实上，科学合理的生物安全管理与操作细则的制定并不难，关键在于严格落实。否则，所有的规则、规范都将形同虚设。因此，正如刘德培所言，实验室生物安全是一项持续、严肃的重要工作，每时每刻都要“诚惶诚恐，如履薄冰”。

2. 政府层面的生物风险防控

目前，世界很多国家都已看到现代生物技术所蕴含的巨大经济效益和社会效益，在此方面也投入大量的人力、物力和财力。但是，有关生物安全问题依然是人们关注的一个社会焦点。国际社会越来越重视生物安全管理立法工作，已经陆续出台不少相关的文件和法规，如联合国《生物多样性公约》《卡塔赫纳生物安全议定书》等涉及生物安全规范问题。随着我国生物技术事业的纵深发展，我国也制定了《生物安全法》《基因工程安全管理办法》《农业转基因生物安全管理条例》《人间传染的高致病性病原微生物实验室和实验活动生物安全审批管理办法》《生物技术研究开发安全管理办法》《病原微生物实验室生物安全管理条例》等。可以说，我国政府为规范生物技术研究与发展已做出积极努力，将有助于维护我国人民群众生命健康安全和生物安全。

3. 社会公众层面的生物风险防控

生物技术的研究、开发与应用同人类的生产、生活关系十分密切，一直受到社会公众的密切关注。从社会管理角度来讲，应该允许、鼓励社会公众积极参与生物技术风险的评估、监控和管理工作。由于生物技术风险已经出现或新的风险即将来临，人们总得想方设法防范和化解风险。人类社会为有效解决已经发生的生物技术风险，依然需要通过深度发展生命科学来提供知识和技术手段。例如，通过生物科学的深入研究，人们对许多种流行性疫病的病理学以及致病微生物的繁育、生长、传播途径以及传播规律都有了新的认识，也逐渐发现人体的免疫机制。在实验研究的基础上，科研人员能够开发、合成出多种有效的抗病毒药物、抗生素和疫苗等，人们防控流行性疫病的能力越来越强，也相应地减少了人们对疫病的恐惧感。在实践中，人们对一些常见的疫病产生了抗性，不再担心被感染。对上述生物风险的认识和克服提升了人们的生存质量和生命质量，给人类带来了更多的自信，让人们有了更多的幸福感和安全感。可以说，这种成功源于人类对生命世界认知水平的不断提升，源于生物技术的不断进步。虽然说生物技术的高度发展可能会带来一些令人忧虑的技术异化、技术风险问题，但不能否认生命科学和生物技术的深度发展对克服生物风险、技术风险的重大意义。

第七章

生物技术文化的社会建构

随着生物技术在人类社会生活中的影响日益加大，越来越多的研究者开始关注与生物技术负面影响相关的社会心理问题。生物技术发展的一切可能复杂社会后果，要求我们对此进行多维度、深层次诠释。我们要在深入分析中西方技术恐惧文化形成原因的基础上，努力构建新型的生物技术文化，能够充分反思生物技术研究与发展的社会心理影响，能够有机融合科学文化和人文文化，能够充分体现科学精神与人文精神的统一。

第一节　中西方技术文化恐惧维度比较

在世界范围，特别是在西方科学技术比较发达的国家，技术恐惧是一种较为常见的技术心理现象。在技术恐惧的形成过程和现实影响方面，中西方存在着比较明显的差异。有资料显示，在美国对科学技术感到害怕或恐惧的人在 7% 左右，这一比例远高于中国。[①] 当前，基于技术恐惧的中西方群体差异并没有十分显著的改变。问题是，在中西方人群中的技术恐

① 张仲梁 . 人和科学：公众对科学技术的态度 . 科学学研究，1990（01）：13-18.

惧心理差异性是如何形成的？人们不同的技术恐惧心理又会产生哪些社会影响？

一、我国技术崇尚文化的形成与影响

目前看来，与西方部分科技发达国家相比，在我国并没有产生比较系统且有深远影响的技术恐惧文化。在社会实践中，我国从各级各类学校到不同层面的社会舆论平台，并没有多少人因为技术恐惧而去反对科学技术的发展，甚至也没有多少人去公开表达“反科学”和“反技术”的声音。相反，在我国长期形成了一种与技术决定论和技术依赖心理高度相关的“技术崇尚文化”，这种文化具有一定的社会普遍性。在我国，技术崇尚文化的形成、发展和传播有着深层次的社会根源。

（一）经世致用的文化传统与国家经济社会发展之需

经世致用是中国传统文化中一以贯之的思想和价值取向，成为中国历代知识分子、政治家和实业家实现其人生价值目标而遵循的内在精神。经世致用就是用观念和思想来激励人生、治事救世、富民强国等，而不是闭门造车式的虚妄治学。这种思想传统必然会影响人们对待科学技术发展的态度。特别是从1860年起，以“富国强兵”为根本目标的洋务运动积极推动了“西学东渐”风潮，从西方舶来的是现代技术的“实用理性”和“功利效果”，是“师夷长技以制夷”的器用，而不是真正意义上的“科学思想”和“科学精神”。正如李泽厚所讲，从文化心理结构上说，实用理性是中国思想在自身性格上所具有的基本特色。[①]事实上，20世纪初期的新文化运动应该是启蒙科学的一个历史契机，那些具有爱国思想的进步知识分子高举“赛先生”（science）的大旗，曾经尝试着向中国传统文化的宏大体系中注入科学精神的元素，但最终收效甚微。出现这种情况，既有强大的传统文化影响，也有其根本的现实社会原因。在当时由于民族解放

① 李泽厚．中国古代思想史论．北京：人民出版社，1985：303.

和民族独立是最为急迫的社会现实任务，国人更为看重的是通过技术手段复兴民族、抵御外侮的现实效果。

新中国成立之后，中国社会又面临着政权巩固、国民经济复苏、民族复兴、民生改善等重要建设任务。有学者指出，新中国成立后，我们面临着威胁民族生存的外部压力和国内大规模经济建设的现实需要，科学研究的军事、政治和实用导向必须进一步增强。因此，几乎所有的科研都成为技术性的了，这是一种历史的选择和必然。[①] 当时的现实国情迫切需要人们充分发挥并利用科学技术的积极价值和影响，使其解放生产力和发展生产力的功能得到最大程度的释放。

“热爱科学”“实现四个现代化，关键在于科学技术现代化”“经济建设必须依靠科学技术，科学技术工作必须面向经济建设”“科教兴国”“科学技术是第一生产力”等一系列具有中国特色的科学技术发展理念的提出，都充分反映党和政府对科学技术发展具有重要政治价值、经济价值、社会价值、军事价值、生态价值和安全价值等的理论宣传和舆论导向非常明确，并且得到了广泛的社会认同。

我国具有特殊的社会历史发展背景和现实国情，在此社会土壤中形成了具有一定技术决定论特点并具有实用主义色彩的“技术崇尚文化”。在这种技术崇尚文化氛围中，培养了我国公民对科学技术发展及其社会价值的普遍认同感，并且具有明显的技术乐观主义倾向。中国公民科学素质调查结果表明：我国公民长期以来崇尚科学技术职业，积极支持科学技术事业的发展，对科技创新充满期待。[②③] 中国公民认可科技创新对于创新型

---

① 吴海江．“科技”一词的创用及其对中国科学与技术发展的影响．科学技术与辩证法，2006（05）：88-93+112.

② 何薇，张超，高宏斌．中国公民的科学素质及对科学技术的态度：2007 中国公民科学素质调查结果分析与研究．科普研究，2008，3（06）：8-37.

③ 何薇，张超，任磊．中国公民的科学素质及对科学技术的态度：2015 年中国公民科学素质抽样调查结果．科普研究，2016，11（03）：12-21+52+116.

国家建设的作用，愿意支持基础科学研究工作。[①]因此，科学技术发展与应用在我国具有牢靠的群众基础和良好的社会土壤。

（二）技术崇尚文化背后存在对技术风险的漠视

在技术崇尚文化氛围的深刻影响下，我国的科学技术事业、教育事业得到快速发展，生产力得到很大程度的解放，科学技术的物质文明、政治文明、精神文明、社会文明以及生态文明功能得以充分发挥，人民群众日益增长的物质和文化生活需求不断得到满足。我国各项事业都取得很大进步，不断提升了我国的综合国力。上述内容都可以说是技术崇尚文化的积极影响。但是，在这种文化背后也存在令人忧虑的方面。

一般说来，科学技术发展与人们的愿望、社会需求密切相关。人们发展科学技术的主要目的就在于满足人们的欲望、满足社会的需求。对此，技术哲学家波塞尔认为“技术是欲望的实现”，这一定义蕴含丰富。技术发展不仅受人们发展经济欲望的推动，也会受到人们发展文化欲望和精神欲望的影响。但是，我国在很长时间内主要关注和评估科学技术发展的经济、政治、军事等动因。人们甚至认为，技术的主要价值就在于增强经济竞争力、军事竞争力，而很少论及技术发生、发展的文化动因和政治动因。技术欲望和需求不仅仅是功利的、实用的、物欲的，还有非功利的、超物欲的、满足精神渴望的。[②]因此，我们有必要消除在技术预见和技术评估活动中仅仅限于技术功利、实用标准的片面性。我们应该根据科技与社会关系的复杂性和现实性，设置更加翔实的评价指标，以更加前瞻、开放、多维度的视域来认识和理解科学技术价值。

在我国历史上，从来不缺乏一些充满忧患意识和善于底线思维的学者，他们往往会说出一番逆耳的忠言，在社会普遍繁荣中看到背后令人

---

① 何薇，张超，任磊，等．中国公民的科学素质及对科学技术的态度：2018年中国公民科学素质抽样调查报告．科普研究，2018，13（06）：49−58+65+110−111.

② 吴晓江．技术的特性、欲望、评价和预防性伦理：德国技术哲学学者波塞尔、李文潮演讲述评．世界科学，2004（11）：37−39.

担忧的风险和问题。早在20世纪20年代，张君劢等学者就曾指出："近三百年之欧洲，以信理智信物质之过度，极于欧战，乃成今日之大反动。吾国自海通以来，物质上以炮利船坚为政策，精神上以科学万能为信仰，以时考之，亦可谓物极将返矣。"然而，"循欧洲之道而不变，必蹈欧洲败亡之覆辙。"[①]也就是说，我们不能只去发展和利用科学技术而不对其社会功能、社会价值以及可能的社会风险进行全面的理论反思。因此，在我们今天大力推进各项科学技术事业时，在头脑中仍要保持一定的忧患意识、危机意识和风险意识，要辩证地看待科学技术发展可能带来的负面作用和消极风险，进而积极地探寻有效防范和化解风险之策。

究其实，当前我国公众对科学技术的普遍乐观态度源于科学技术发展对人类社会生产、经济发展、物质生活、精神生活等层面积极改善的感性认识，也与长期的主流理论宣传和各级各类学校的正面科学教育密切相关。人们对科学技术发展及其社会价值的乐观主义与崇拜心理的形成过程，是一个自外而内的强化影响过程，而不是人们对科学理性的深刻理解和自觉接纳。余英时曾指出，中国人到现在为止还没有真正认识到西方"为真理而真理"和"为知识而知识"的精神。我们所追求的仍是用"科技"来达到"富强"的目的。[②]大多数社会公众对科学技术实用功能认识的积极后果就是在其思想上祛除了愚昧、无知和盲从，形成了"相信科技""依靠科技""学习科技""利用科技""发展科技"的价值理念。但是，这也造成部分人对科学技术功能的无限崇拜和过度迷信。人们对科学技术的迷信不仅会助长各种打着科学旗号的"伪科学"和"伪技术"在社会层面的恣意妄行，而且会因为对科学技术社会功能的过分夸大和对科学技术社会形象的盲目拔高，缺少对科学技术价值的理性评判。总之，对科学技术的崇尚心理容易使社会群体和公共舆论陷入一种对科学技术负面影响视而不见的集体无意识状态。

---

① 张君劢，丁文江等．科学与人生观．济南：山东人民出版社，1997：101−112.

② 余英时．中国思想传统的现代诠释．南京：江苏人民出版社，2003：17.

在西方国家，有一些比较清醒的学者已经意识到上述情况存在的潜在风险。正如格伦迪宁所讲，我们一直被一种认为技术安全的信念所包围。我们在学校、家庭、工作和媒体宣传中一直被鼓励去为科学创造的新技术而欢呼，这种观念深入人心。我们完全生活在一个由技术程序支配的世界。但是，人们在科技乐观主义思想的引导下会逐渐丧失对技术危险的感知。[①] 在对科学技术发展的过度崇尚心理中，即使有些人可能看到并隐隐察觉到科学技术引发的社会风险、生态风险，却乐观地坚信出现这些问题都是暂时的。随着时间的推移，人们仍然可以通过科学技术的发展有效地解决那些可能的风险。如果人们对科学技术发展可能会引发的风险问题没有任何的警惕和防范心理准备，会引起一种迟钝的、缺乏危机意识的“青蛙效应”。在当今风险社会，如此行为不是负责任、务实和明智的做法，会带来较为严重的灾难性后果。

概括说来，技术恐惧是社会公众对科学技术实践过程和应用后果的负面影响而产生的心理反应，具有一定的社会普遍性。中西方人群的技术恐惧处在不同的社会实践层面，少量的“中国式”技术恐惧往往停留在经验操作层面，具有特殊性、暂时性和变动性的特点。但是，“西方式”技术恐惧是在社会文化层面渐次展开的，具有普遍性、持久性和稳定性的特点。虽然说中西方公众在总体上对科学技术的发展都持有积极乐观的态度，但西方国家公众在对科学技术发展的乐观中往往保持着一丝冷静与警觉。我国公众的技术乐观主义却十分明显地包含着一定的从众心理，在社会文化层面缺失一种批判审视科学技术发展异化维度的主观意向、文化自觉和底线思维。因此，我国不存在具有自身文化传统的技术恐惧文化，也缺乏促使技术恐惧文化快速萌生的社会基础。

① 陈红兵，于丹．解析技术塔布：新卢德主义对现代技术问题的心理根源剖析．自然辩证法研究，2007（03）：54-57.

二、中西方技术恐惧文化形成差异的原因

中西方国家既有不同的历史发展进程、文化传统和社会制度，也有不同的科学技术发展路径，因而在技术恐惧成因方面会有所不同。对不同国家的科学技术发展、文化传统、思维方式影响技术恐惧心理的产生过程进行研究，有助于我们分析中西方社会技术恐惧文化的差异性。

（一）中西方科学技术发展历程的不同

从历史上看，近代西方技术恐惧文化与科学技术发展、工业革命以及由此而来的社会生活重大变迁密切相关。从改革开放算起，中国真正的现代化进程才走了四十多年。在人类社会发展的历史坐标系中，这个时间显得十分短暂。从现代性程度上讲，中国和西方国家处于不同的历史发展阶段，有着不同的现实国情、发展任务和发展目标。当中国人民正在努力发展现代工业、现代农业、现代国防和现代科学技术并积极迈向信息化社会时，部分西方国家已经进入所谓的“后工业社会”和“后现代社会”。西方发达国家的人均收入和总体生产力发展水平使其平均物质生活水平达到了比较高的水准，这些国家的人民转而追求物质生活品质、精神生活品质以及生态环境质量等目标。在这样的经济社会背景下，科学技术对人们物质生活需求的满足极限逐渐显现。不少西方学者也逐步意识到，科学技术的高度发展会引发不少社会问题、生态问题，但这些问题却很难通过科学技术的进一步发展来解决。他们会渐渐改变对科学技术发展所保持的乐观态度，而对科学技术的风险成分、异化成分高度关注且日渐忧虑。

正如吉登斯所言，我们所面对的最令人不安的威胁是那种“人造风险”，它们来源于科学与技术不受限制的推进。科学理应使得世界的可预测性增强，但与此同时，科学已造成新的不确定性，其中许多具有全球性。对这些捉摸不定的因素，我们基本上无法用以往的经验来消除。[①]科学技术的发展已经带来了许多新的不确定性风险，值得人们密切关注。相

① 吉登斯．现代性的后果．田禾译．南京：译林出版社，2011：115.

比西方那些科技发达国家，我国有自己的特殊国情，我国仍处于并将长期处于社会主义初级阶段，我国是世界上最大的发展中国家。因此，我国政府和广大人民群众更加关注能够解放生产力、发展生产力、推动经济增长、改善民生、保护生态文明以及保障国家总体安全的各种有利因素。事实上，科学技术恰恰能在解决上述问题上扮演一个非常重要的角色。一项抽样调查报告显示：超过 80% 的中国公民赞成现代科学技术会给我们的后代提供更多的发展机会以及“科学技术使我们的生活更健康、更便捷、更舒适”的看法。①

但是，上述分析并不能说明我国社会群体中不存在任何类型的技术恐惧心理问题。《中关村白领健康调查》显示：在被调查的人群中，约半数的人在心理健康方面表现轻度异常或具有心理焦虑，高于其他同龄人的调查结果。②近年来，国内其他学者的相关研究也表明，在我国办公自动化程度较高的企业和事业单位的职员中，存在与西方发达国家性质类似的计算机焦虑和信息焦虑现象。由于我国的信息化水平总体上还比较低，计算机焦虑问题看上去还没有那么普遍。进一步设问，随着我国工业化和信息化水平的提升，技术恐惧问题是否会在我国成为十分明显的社会心理问题呢？我们以为，我国不易出现普遍的技术恐惧问题，主要原因如下：

其一，发展中国家往往会有一个相似的“后发优势”。在当前科学技术和经济社会发展过程中，发展中国家往往能够借鉴发达国家的经验和教训，可以避免或者少走一些弯路，还有望走得更快一些，走得更稳一些。当前，我国在经济社会生活的各个领域倡导创新、协调、绿色、开放、共享的发展理念，高度重视以人为本的科学发展理念，坚持“人民至上，生命至上”的指导准则，重视协调各种社会矛盾，重视平衡多种差距，重视人与自然关系的和谐，重视科技伦理治理等。通过落实以上发展理念，我

---

① 何薇，张超，任磊．中国公民的科学素质及对科学技术的态度：2015 年中国公民科学素质抽样调查结果．科普研究，2016，11（03）：12−21+52+116.

② 王刊良，舒琴，屠强．我国企业员工的计算机技术压力研究．管理评论，2005（07）：44−51+64.

国就有可能在最大程度上弱化或纠偏现代科学技术发展对人类、自然和社会的异化程度。

其二，中西方国家具有不同的科学技术文化传统。在西方社会，技术恐惧超越了经验操作层面而成为一类技术文化。在我国社会，没有适合技术恐惧萌生的文化土壤。上述差别是由不同国家的文化传统和社会历史背景的差异引起的。在一个国家和地区，文化的社会功能主要在于它对现实社会发展的透视和解读，在于它对人们社会观念的矫正和塑造，对社会发展会产生不可小觑的影响。虽然说技术恐惧文化在一定程度上会妨碍特定技术类别的发展，但它在积极的意义上可以成为一种自觉的技术文化意识，可以规约技术文明的发展进程，使其不至于同人性和自然越离越远，甚至背道而驰。

（二）中西方文化思维方式具有一定的差异性

在现实社会，人们的思维方式会受到某种特定社会文化的深刻影响。进一步说，人们所具有的不同文化思维方式会影响对事物的认知和判断，对技术恐惧文化的产生也会有不同的影响。在此方面，中西方在文化思维方面存在较大的不同。无论是中国员工还是西方员工，他们日常接触到的信息技术、网络技术本质上是一样的，受到的技术压力也属于同一性质。社会文化的差异性会造成人们不同的归因方式。在西方社会，归因方式往往对事不对人，这使我们不难理解卢德运动以及类似的捣毁机器事件，这是一种受社会文化深刻影响的思维方式决定的行为结果。换句话说，在西方国家有形成技术恐惧的社会文化背景。然而，我国的社会文化氛围和历史传统使得国人在失业后不太可能把根本原因归结为新技术的推广和应用，却倾向于指责管理低效或决策失误等，或者把愤怒指向雇主，抱怨其经营不善和管理无方。

我们不能忽略西方人根深蒂固的自我中心意识，这种意识在实现人性解放、反抗宗教束缚中起到了积极作用，也为科学探索和创新理性提供了强大动力。但是，这种自我中心意识确立了以人为尺度的价值坐标系，这是形成主客二元分立的逻辑起点。这使得西方文化形成特有的封闭性、排他性、对抗性，习惯于用自身的标准来衡量其他对象，认为不符合自身标准的对象都应被改造和排斥，很难去思考如何改变自身去包容或融入对象而达到和谐统一。这就是西方人把问题归因于事物的本质所在。这不但能够说明在历史上英国的失业工人为何把愤怒的矛头指向一堆纺织机器，也能说明西方文化是外向的、不断超越的以及内外冲突和危机不断的。

总之，西方二元对立的对象化思维方式培育了科学理性的成就，也造就了批判它本身的力量。技术恐惧文化在技术理性与技术批判的张力中萌生并发展起来，作为一种自觉的社会意识去反思科学技术文明的多维向度，对科学技术的发展起到了有效的纠偏和平衡作用。

第二节　生物技术发展的人文价值引导

生物技术已经成为影响社会文化系统的一个重要因素，与其他社会要素通过耦合作用共同影响现实的文化生态。每一种新的生物技术形态都具有一种文化特质，包含着独特的文化意义和价值意蕴，并在实践中重构人们的思维方式和价值观念。可以说，生物技术发展过程既受其所处时代人文价值的深刻影响，也会反过来对人文价值产生影响。

一、生物技术的一般价值内涵

人类的技术活动在很大程度上决定着现代人的生产方式、生活内容和精神状况，影响着“人－社会－自然”系统的演进，也是人类社会文明发展水平的重要表征。生物技术在满足人们的特定需要时总是在彰显人类的本质。但是，人们在分享生物技术发展带来的物质成果时，却很少审视生物技术发展对人类社会产生的终极价值影响。具体说来，一方面，人们的生物技术实践活动是人文价值发展的一个重要基础和动因，人文价值是对生物技术活动过程和社会影响的提炼与升华；另一方面，社会人文价值会影响生物技术发展的速度、方向、规模、应用目标和应用范围。通过对生物技术政策与法规、生物技术转化机制、生物技术扩散机制、生物技术社会舆论、生物技术社会心理、生物技术社会态度等方面的影响，人文价值可以实现对生物技术的选择、过滤、剪裁和整合的社会功能。

生物技术与人文价值统一到人类的社会实践活动中。人文价值解决实践主体“是否应该做”与“应该做什么”的问题，而“如何做”的问题交由生物技术来解决。生物技术和人文价值的有机联合使人类能够在自身智力和体能的基础上实现认识生命、理解生命、改造生命和保护生命的愿望，不断实现自身本质力量的物化与外化。在人类社会实践中，生物技术和人文价值的有机统一创设出“人－社会－自然”系统协调发展的理想形态，促进人类在特定的社会环境中不断发展和进步。

二、生物技术与人文价值之间的关联性

生物技术的发展已经在有力地推动人类社会经济的发展，能够满足人类农业生产、食品与药品制造、医疗保健、公共卫生等方面的现实需要，不断提升人们的生活质量和生命质量。需要指出的是，生物技术的操作对象和目标往往会直接影响人类个体，这使得生物技术的发展和应用在个体层面、群体层面涉及更多的人文价值。事实表明，生物技术的发展为人类摆脱个体局限从而实现更大的自由创造着十分有利的条件，给人类社会发展带来更加美好的前景。但是，现代生物技术的进步给人类个体生理和心理带来了新的挑战，其发展结果并不总是贴近人的本质诉求，与人类本性相背离的负面影响已经出现。不少学者认为，现代生物技术的发展已经产生和将要产生复杂的社会、伦理、法律和心理问题，迫切需要人文价值的关照和修复。

生物技术发展带来的诸多人文困惑，主要是在其发展过程中影响和冲

击了现代社会的人文价值观念。这里提出了两方面值得关注的问题：其一，生物技术发展对当下人文价值观念影响和重构的可行性；其二，现有人文价值观念对生物技术发展进行审视、规约和引导的必要性。生物技术发展的人文困惑反映出当代技术社会在物质和精神层面发展的不均衡性，这要求我们必须全面分析、审慎对待、认真解决生物技术与人文价值之间的矛盾和冲突。

生物技术发展的价值维度与社会人文价值之间关系密切。生物技术社会功能和社会价值的呈现过程，也是与之相关的人文价值萌生的过程。在人文价值的广阔视域中，关注生物技术引发的社会问题并有针对性地对其进行追问和反思，将使我们更加全面地认识和理解生物技术的社会价值，能够有针对性地判断生物技术在发展过程中引发人文困惑的具体原因，从而能够为生物技术的健康发展提供一个可供参照的人本坐标和社会文化尺度。在生物技术发展的根本价值和目标方面，我们始终要坚持以人为本，始终要关注人的健康、价值、尊严、公正、平等，关注人的自由和全面发展。

人文价值作为人类社会赖以存在和发展的基本行为遵循，将引导生物技术的发展方向和目标。在研究过程中，生物学家也曾因为忧虑自己的研究成果可能会对人体健康、社会安全、生态安全和社会伦理等造成影响而暂时搁置正在进行的研究，这样做本身就是一种负责任的科研态度。又如，国际社会在禁止实施生殖性克隆的研究目标上已经形成基本共识，就是人文价值影响和规约的结果。人文学者的研究内容和研究方式不要被动地适应生物技术所带来的挑战，而要能够预见生物技术发展产生的问题和矛盾，要针对生物技术的负效应起到一定的规约和警戒作用。[①] 生物技术伦理、生命伦理以及相关的科技政策、科技法律都可以成为防范生物技术发展异化的有效约束因子。在当今生物技术发展与其人文忧患并存的时代，通过不断完善生物技术的人文价值体系，可以有效实现对生物技术发

① 刘科．后克隆时代的技术价值分析．北京：中国社会科学出版社，2004：208.

展的导向作用。这种导向作用与生命科学基础研究和生物技术创新相协调，最终促进生物技术的人性化、生态化发展。因此，生物技术发展与人文价值需要无缝对接，努力实现有机统一。

三、人文价值引导生物技术发展的必要性

生物技术与人文价值的内在逻辑关联为人们提供了利用人文价值引导生物技术发展的可能性。同时，人们对生物技术发展的潜在人文困惑彰显了人文价值引导生物技术发展的必要性。生物技术社会功能的发挥和社会作用复杂性的显现过程，也是人文价值的生成和发展过程。只有充分协调好生物技术发展与人文价值相互提升的关系，才能通过生物技术为人类社会发展赢得一个美好的未来。

由于生物技术本身的技术特性及其与生命个体的密切相关性，其发展对我们每一个人都会产生深远影响。基于生物技术发展的社会实践，已经能够让人们清楚地意识到生物技术发展既是一个科学技术问题，又是一个涉及人文价值的社会问题。我们有必要在生产实践、社会实践中自觉应用那些积极的人文价值理念（如责任、公正、尊严、自由、安全、不伤害、行善等）引导生物技术的发展方向和价值选择，最终使生物技术得到健康发展和合理应用。

我们衷心希望通过社会各个层面的共同努力，共同营造出良好的社会文化氛围，进一步促进生物技术的健康发展，并在其发展过程中谋求人类自身的福祉。诚如恩格斯所言：凡在人类历史领域中是现实的，随着时间的推移，都会成为不合理性的；就是说，注定是不合理性的，一开始就包含着不合理性；凡在人们头脑中是合乎理性的，都注定要成为现实的，不管它同现存的、表面的现实多么矛盾。[①] 社会作用后果的多重性是现代技术具有矢量性的本质特征之一。伴随着生物技术多元价值的依次展示，其

---

① 中共中央马克思恩格斯列宁斯大林著作编译局 . 马克思恩格斯选集：第四卷 .3 版 . 北京：人民出版社，2012：222.

消极影响也会逐渐显现。生物技术在给人类带来前所未有美好生活梦想的同时，已经产生和可能要产生诸多新型的人文困惑。我们在发展生物技术以促进社会进步、不断提升人们生活质量的同时，更要前瞻性地关注其多方面的负面影响。在人文价值的引导下寻求一种有利于生物技术长远发展的模式，最终实现生物技术与人类社会的协同发展。

在生物技术的发展过程中，人文价值将起到理性的审视和规约功能。谢勒认为，人们每一次理性认识活动之前都会有评价的情感活动。只有人们注意到对象的价值，对象才表现为值得研究和有意义的东西。[①]事实上，生物技术在其发展过程的始终都要受到人们的技术情感、技术心理、技术态度以及社会伦理规范的影响。简而言之，生物技术在其研发过程中会受到科学精神和人文精神的双重影响，也应该在其发展过程中体现科学性和人文性的有机统一。在实践中，一方面人们在分析生物技术活动的意义和生物技术决策的导向时，离不开生物技术价值的人文思考；另一方面，人们在确定解决特定问题的生物技术方案和预测生物技术的社会影响时，只有融入科学精神才能做出正确回答。可见，当今需要重建的生物技术文化要以科学精神和人文精神的融合为主导，这种技术文化能够对生物技术的发展起到解释作用、论证作用、宣传作用、规约作用和导向作用，并为生物技术发展创设良好的社会心理氛围以及可行的社会发展条件。

生物技术社会作用后果具有不确定性和多重性，以及人们对生物技术选择的主观性和具体技术操作过程中的失控性，都有可能造成以下后果：生物技术既可以对人类社会发展起到巨大的正面促进作用，又不可避免地引发诸多问题和困惑。可以说，生物技术的社会应用伴随着诸多负面效应，这是技术价值裂变的现实表现。我们只有意识到生物技术与人文价值之间的冲突，才可能采取有效的行动，通过合理的人文价值规约来有效减弱或规避生物技术的负面影响。

---

① 拉普．技术哲学导论．刘武，康荣平，吴明泰译．沈阳：辽宁科学技术出版社，1986：7.

四、人文价值引导生物技术发展的可能性

一般说来，现代技术是由技术器物、技术制度和技术意识三个层面组成的复杂系统，而人文价值是现代技术发展的一个不可或缺的视角。陈昌曙教授曾经指出，从根本上来说现代技术都是“人造”的，人们因此就在多种情况和相当程度上能够干预和选择技术。可见，人们在技术发展面前并非束手无策，而是具有强大的主观能动性和创造性。具体说来，这种主观能动性和创造性体现如下：人们对技术创新的方向、对在何种场合何种程度上应用技术、对技术发展战略和技术政策都有选择的自由和空间；政府部门、科学组织、企业都有技术选择的任务，工程师、企业家等都有进行技术选择的能力。[①] 因此，我们认为，生物技术既是“人为”的（人们给生物技术的发展设定技术目标和价值方向，为生物技术的推广和应用创设社会环境，体现了人的理性和智慧，渗透了人们的理想、信念、兴趣、激情和梦想等），又是“为人”的（通过生物技术手段和方法，可以实现满足人类福祉、服务社会需求、保障人体健康、维护公共卫生安全等目标）。换句话说，生物技术是人的创造物，是实现目的的重要手段。但是，人又是生物技术发生和发展的主体，没有生物科技工作者等群体的努力探索和实践就不可能有现代生物技术的产生与发展，更谈不上推广和应用。我们既要承认生物技术与人文价值的相互关系，也要承认人文价值可以通过作用于生物技术的制度层面、意识层面对生物技术的社会应用及其发展进行规约。

生物技术发展过程出现的人文困惑是生物技术带来的新事物、新关系、新现象，无法在已有的人文价值观念体系中进行合理解释和说明。这就是说，生物技术的发展对人文价值观念具有重构作用，而已有的人文价值对生物技术的发展具有审视作用，这两者之间会产生一定的矛盾和冲突。我们必须认真对待生物技术与人文价值之间的冲突，预防这种冲突走

---

① 陈昌曙．技术哲学引论．北京：科学出版社，1999：219.

向极端。特别是要警惕有人基于某种思想偏见或思维惰性对生物技术发展产生拒斥心理，进而阻碍此项技术的发展进程。因此，我们希望在人文价值的积极引导下，生物技术能够健康发展并推动人类社会进步。一般而言，技术既是人类本质的展现，又重塑着人的本质。生物技术发展的价值维度与社会人文价值之间相互影响、相互促进，这就使生物技术与人文价值的和谐发展不仅具有逻辑上的可能性，而且是一种现实的社会选择。

生物技术的价值负荷为我们发展此项技术以谋取社会福祉提供着合理性论证，生物技术发展对人文价值的现实冲击要求我们对此项技术付诸更多的智慧和耐心。在生物技术的正负价值同时显现的当代社会，无论是排斥、放弃生物技术，还是单纯地依赖生物技术都是不合时宜的，存在着很大的片面性。厘清生物技术的正负社会价值，清醒地关注生物技术对“人－社会－自然”系统的多方面影响，这是我们发展和应用生物技术的必要前提。在当代中国社会发展的重要转型期，针对生物技术的研究和发展进行人文关怀与哲学审视是一件十分有意义的事情。生物技术的发展状况是我们进行人文价值反思的事实基础。虽然说生物技术体系的不少类别尚处于发展阶段甚至是起步阶段，但生物技术力量加强、影响面变广的趋势是不可逆转的。因此，我们进行社会调控和人文价值引导时要有利于生物技术的健全发展。即使我们预感到生物技术可能会存在一定的风险，也要满怀希望并脚踏实地推动此项技术的发展，竭尽全力去减少生物技术风险的发生。

五、人文价值引导生物技术发展的原则

我们要实现生物技术的健全发展目标，既要在生物技术发展的社会实践中形成新的人文价值理念，又要把新的人文价值理念作为进一步选择、规范和引导生物技术开发和应用的重要尺度。在发展生物技术以促进人类社会的福祉时，要超前关注其多方面的负面影响，特别是要防范此类技术对人们心理层面产生的负面影响，在人文价值理念的积极引导下寻求一种

负责任的生物技术创新模式。

（一）生物技术发展的整体协同原则

我们要充分认识人、社会、自然界都是现实世界的有机组成部分，各个部分的性质通过在系统整体中的相互作用而被重新塑造。生物技术对“人－社会－自然”系统具有强大的渗透作用，正是在推动这个大系统不断进化的过程中，生物技术得以实现自身的价值。整体性原则要求我们在发展生物技术的过程中要注重实现人、社会和自然界的整体和谐。人类社会所追求的可持续发展是经济增长、社会进步、生态优化的协调统一体。在“人－社会－自然”系统的宏观视野中对生物技术及其发展进行人文反思和价值考量，在实现生物技术产业化的同时，关注经济、社会、环境和资源的可持续发展。我们要以务实的态度积极应对生物安全和社会伦理挑战，这是充分利用人文价值引导生物技术发展的前提条件。

第一，实现人的自由和全面发展是生物技术发展的重要目标之一。生物技术发展越迅猛，人们越会去关注生物技术发展带来的可能异化、人性丧失等问题。生物技术从来不缺乏促进人性、完善人性的目标，生物技术为实现人的自由和全面发展创造着越来越多的条件和机会。但是，在生物技术实践中，由其异化引发的社会伦理问题也令人忧虑。因此，发展生物技术要充分考虑人的现实需求，实现生物技术与人类的协调发展。

第二，政治、经济、文化、教育、心理和道德等因素是生物技术发展的现实社会条件。生物技术的发展既取决于人类社会的现实需要，受到特定社会价值的影响，反过来也广泛地影响人们的日常生活。因此，生物技术的发展要因地制宜、因时制宜、因人制宜，充分考虑社会条件、社会影响因素，实现生物技术与人类社会的协调发展。

第三，人类的生存和发展须臾离不开生态环境。发展和应用生物技术要充分考虑到生态环境的承载能力和可持续性。在促进生物技术发展和应用时，要注意维持生态系统的完整性、有序性和相对稳定性，构建符合生态系统发展规律的生物技术实践模式。特别是在生物技术大规模推广应用过程中，要认真研判、防范和化解可能的生物风险、生态风险，确保生物安全和生态安全，实现生物技术与自然环境的协调发展。

（二）生物技术发展的求真务实原则

目前，人们对生物技术的忧虑也源自生物技术发展的局限性和不成熟性。现代生命科学和生物技术已经分别成为重要的前沿科学和关键技术。现代科学技术整体化、综合化、社会化的发展趋势，要求我们坚持求真务实的原则，重视生命科学基础研究、生物技术应用开发的协调发展，把生物技术创新牢固建立在深厚的科学研究基础上。

在任何一个技术领域中，没有基础就没有水平。生物技术的创新发展要有高质量的基础理论研究成果和高水平的研究队伍作为根本支撑。生物技术通过技术科学、工程科学与生命科学基础研究相关联。一方面，生物技术的成功须臾离不开生命科学的进步；另一方面，生命科学的基础研究只有通过应用研究和发展研究才能转化为具体的生物技术手段。生命科学基础研究难度大，研究周期相对较长，不确定性因素也多，这就要求人们在生命科学基础研究领域付出更多的努力，摒弃浮躁，勤奋踏实。因此，在生物技术的发展过程中，人们要适当地超越功利思想并坚决反对急功近利。如果忽视生命科学的基础研究，片面追求生物技术领域的快速发展，就会使生物技术失去存在的根基，最终导致生物技术缺乏持续发展的动力。

求真务实原则要求人们客观、全面地对待生物技术的发展价值。比如基因工程药物应用于人体的安全性很值得人们关注。基因工程药物在性质上具有特异性，与传统药物在安全性、毒理试验上并不完全一致。因此，基因工程药物对人的药理学活性在实验动物身上不可能得到完全反映，这也存在一个种属差异的问题。在进行基因工程药物安全性试验和临床应用时，就要求采取不同于传统药物的毒理试验方法、判断标准和安全防范措施等。

求真务实原则要求人们理性地看待生物技术风险与生物安全问题。对生物技术有选择、有限度利用，既需要人们的理性、智慧和耐心，也需要通过跨学科的综合性研究，使专家与社会公众能够有效沟通，形成发展共识，付诸生物技术实践。

（三）生物技术发展的保障生命优先原则

人类个体生命具有崇高性、至上性和唯一性，值得人们相互尊重、相互珍惜。生命是人类个体得以生存和发展的基本物质条件。事实证明，生物技术的发展和应用对于保障个体生命安全具有特别重要的现实意义。

首先，生命保障是人类生存与发展的前提。生命权和健康权是人类的最基本权利，也是人权的自然基础。人类个体是自然属性和社会属性的有机统一，生命体的延续是人类生存和发展的基础。在马斯洛提出的人类需求层次理论中，与生命存在紧密相关的生理需求处于最底层，也是最优先的地位。能够满足人体生理基本需求的成分包括食物、水、空气等，这些表面上似乎廉价的物质对人类的基本生存却极为宝贵，特别是人类对食物的渴望会比别的东西更强烈。在人类社会发展史上，推动人类行为的一个重要动力就是为了满足人的生理需求，再逐步激发寻求高层次需求的动力。

其次，保障和实现生命价值属于人类的终极价值目标。人类个体生命在文明社会中具有基础性和优先性。正如马克思所说：全部人类历史的第一个前提无疑是有生命的个人的存在。因此，第一个需要确认的事实就是这些个人的肉体组织以及由此产生的个人对其他自然的关系。①个体生命的存在是实现其他所有价值的基础和前提，其意义非凡。在当今多元化的人类社会，无论我们去寻求何种价值形态，作为价值主体本身的生命保障

---

① 中共中央马克思恩格斯列宁斯大林著作编译局. 马克思恩格斯选集：第一卷.3版. 北京：人民出版社，2012：146.

无疑是最为根本的。人类个体应被作为目的彰显其弥足珍贵的自然价值和社会价值，人要健康、健全、体面地生存下去，这是无法替代和超越的社会基本原则和社会绝对律令。正如有学者所讲，生存价值是其他一切价值的判据和尺度，人的生命价值是最宝贵的，所有其他的价值和信念都应让位于它。[①] 因此，人类的社会实践、技术实践应从人类最基本的生存需要出发，人的生存需要是价值的重要源泉。在现实社会，假如无法保障人类作为价值主体的正常生存状态，则无法实现其他任何价值。可以说，人类的生存价值作为一把标尺可度量其他价值，其他价值关系都应遵循生存需要这一尺度。这条原则应该成为全部科学技术事业发展的根本遵循。

人类个体的发展时刻离不开一定的物质基础，只有充分满足生存需要，人们才可能更好地寻求自由、平等的发展机会。在关注人类社会的未来与可持续发展时，应该优先考虑人类个体的基本生存问题。

（四）生物技术发展的利弊权衡原则

功利主义将人类的普遍幸福看作是道德的重要基础，把追求大多数人的最大幸福作为一项基本原则，并把此项原则作为人类行为的指导原则和价值评判的道德标准。在生活实践中，功利主义包含了利益的计算和权衡，在“最大的善”与“最小的恶”之间寻求一种平衡状态。具体说来，人们要在风险和利益之间进行道德判断、道德选择，最终采取的行动要能实现利益最大化、危害最小化的目标。如果从功利主义视角看待生物技术的发展和应用，一项重要的任务就是要充分考量生物技术的利益与风险、机遇与代价问题。要辩证分析生物技术风险问题，对生物技术发展而言，它带来不确定性的同时也为我们提供了广阔的发展空间。

（五）生物技术发展的公平正义原则

在世界经济全球化的进程中，人类社会的总体文明程度在不断提升，

---

① 张鹏翔．发展伦理学的生存论解读．理论探讨，2003（03）：34-35.

人们越来越关注社会公平、社会正义，越来越关注个体自由和权利，强烈呼唤发展机会平等的价值取向。尽管不同的学者、不同的理论对公平正义的解读存在一定的分歧，绝大多数人还是强调生存权利的平等、机会的平等是正义的基本要求。因此，我们可以利用公平正义原则来看待生物技术的发展和应用，据此判断生物技术能否满足人类对生存权利和平等机会价值的需要。

罗尔斯如此定义平等自由原则：每个人与其他人所拥有的最广泛的基本自由体系都应有一种平等的权利。[①] 这项原则要求每一位公民都应当有基本的自由和权利，特别是当人们的基本生存权利受到威胁时，人类有权利为保障生命安全进行自由选择。麦金太尔认为，正义是给每个人（包括给予者本人）应得的部分。[②] 面对生物技术革命，无论是发展中国家还是发达国家，都应该公平地享有生物技术发展的红利，共同承担其中的风险。

随着人类社会的发展，人们在思想上逐步形成共识：要尊重个人的平等自由权利，要保障人们的发展机会平等。当然，在现实的社会经济生活中，不可能实现绝对公平。机会平等就比结果平等具有更为重要的现实意义，这至少意味着在竞争起点上要创建公平的环境。因此，要保证每一个国家和地区在发展和应用生物技术方面有一个公平的机会。对我国而言，我们需要在生物技术方面强化研究基础，抓住发展机遇。

（六）生物技术发展的自主选择原则

自然界的内在价值蕴含着人的价值。正是作为“人－社会－自然”系统的一个有机组成部分，人的价值才具备存在的可能性。自然界价值的实现又离不开人的主体性，人是实现自然价值的主体。离开人的需要和人类实践活动就无从谈起价值和自然价值，人类随时都在以自身的存在尺度

---

① 罗尔斯．正义论．何怀宏，等译．北京：中国社会科学出版社，1988：54-58.

② 麦金太尔．谁之正义？何种合理性．万俊人，等译．北京：当代中国出版社，1996：56.

来审视自然、变革自然。人类实践在不断塑造着自然界的价值，人的活动为自然界价值的实现提供具体的历史形态。

在认识论意义上，人是唯一的价值主体。但是，在自然物存在意义上，自然物也具有价值属性，人与其他生命都处在既是价值主体又是价值客体的位置上。生物圈是一个生生不息、密不可分的利益共同体。在生物圈中，生物的存在都是目的与手段的统一。人的生命存在意义就在于通过自己的活动维护自然界万事万物的持存合理性，自然价值需要通过人的活动得以实现。进一步说，人是生物技术发展的动力主体和责任主体；"人－社会－自然"系统则是生物技术发展的目标主体和价值主体。在发展生物技术时，一定要充分发挥人的主体性功能，实现人本价值和自然价值的统一。

自主选择原则强调个体的人拥有做出自由选择的权利，这是对主体自主和自由的尊重。密尔强调从功利主义角度尊重人的自主性，他认为尊重自主性首先是不伤害个人利益，并不剥夺个人寻求利益的活动权。古莱强调指出，人的自主选择意味着各个社会及其成员有更多的选择，追求美好事物时受到较少的限制。[①] 在生活实践中，应当使人们能够自主地决定自己的命运，能够避免饥饿和贫困。诺贝尔经济学奖获得者阿马蒂亚·森指出，在世界各地许多人正在经受多种不自由，特别是在一些地区持续发生饥荒和营养不良现象，成千上万的人被剥夺了基本的生存自由。他认为实质自由应该包括免受困苦（诸如饥饿、营养不良、可避免的疾病、过早死亡之类）等初步的可行能力。[②] 当人们的生存和生命质量受到威胁时，人人都应拥有选择保存生命、身体健康的自主权利。

为了更好地执行自主选择原则还要尊重人们的知情同意权。有学者认为，知情同意权可分为了解权、被告知权、选择权、拒绝权和同意权。[③]

① 古莱．发展伦理学．高铦，等译．北京：社会科学文献出版社，2003：53.
② 阿马蒂亚·森．以自由看待发展．任赜，于真译．北京：中国人民大学出版社，2002：30.
③ 赵旭，韩跃红．知情同意权及其中国化问题探讨．昆明理工大学学报（社会科学版），2006（03）：30-34.

在实践中，政府有关部门要建构开放的生物技术产品信息平台，实现公众对生物技术发展的知情权、参与权和监督权，这也有助于完善人们的生物技术态度。

六、基于人文价值维度的生物技术文化目标

生物技术是自然属性和社会属性的统一体。生物技术的发展展现了人类的理性力量，积极回应了人类社会的现实需要。在现实社会，虽然说生物技术的发展有其相对独立性，但生物技术与社会之间的影响是相互的。生物技术对人们的社会生活产生了重要的影响，特定的社会文化环境也影响着生物技术的发展。在生物技术的多样化选择上，更多的是经济价值和人文价值的选择。为了确保生物技术的健全发展，人文价值层面的问题更需要我们去关注和思考。为此，我们要在人文价值层面上构建一种积极、务实、理性的生物技术文化，实现生物技术发展与人文价值的有机统一。

在观察到科学文化与人文文化之间存在巨大的鸿沟时，斯诺指出，我们需要有一种“共有文化”，科学属于其中一个重要成分。否则，我们将永远也看不到行善或作恶的各种可能性。[①] 这种“共有文化”就是一种综合文化，是科学文化和人文文化的有机统一。作为一类正在发展的高新技术，生物技术有助于人类的生存和发展。在实践中，大多数人并不是反对生物技术本身，而是针对生物技术在实践层面可能会对人类生存与发展带来的消极影响。若要保证生物技术的健全发展，需要上述的综合文化进行规范和引导。我们对生物技术应采取理性的态度，构建一种有利于生物技术健康发展的技术文化社会背景。

在现代社会，人文精神体现了真、善、美等价值理想。如果生物技术在其发展进程中与人文精神相分离，就会造成生物技术异化的后果，就会背离生物技术研发的根本目的。只有在同时遵循自然规律和社会规律的前提下，在生物技术发展过程中融入人文精神与价值理性，才能促进生物技

---

① 斯诺．两种文化．陈克艰，秦小虎译．上海：上海科学技术出版社，2003：19.

术与社会的协调发展。人文精神的实质是追求至善，把人文精神充分融入生物技术发展和应用的全过程，将有助于生物技术更好地推动人类社会的发展和进步。所以，在生物技术的研发过程中要坚持科学精神与人文精神的统一，要坚持真、善、美的统一。如果生物技术的研究与发展失去人文精神的引导，就会偏离研究目的，忽视人的本质和价值，会最终损害人类的根本利益。在人文精神的引导下，人们才能真正树立起科学精神，把科学理性融入人的价值理性，才能消除生物技术异化现象，最终实现生物技术的益人化发展目标。

第三节　生物技术文化的建构路径

为了确保现代生物技术的健全发展，有必要在充分考虑现实国情和生物技术发展及应用的基础上，建构起相应的生物技术文化。主要路径如下。

一、形成包容性、开放性的生物技术伦理体系

当今世界是一个经济社会发展水平有差异、局部利益有冲突、文化传统多元化的世界。因此，人们很难在生物技术发展理念方面形成共识，也很难形成一种普遍适用的生物技术观。但是，人类的社会生活、精神生活具有一定的相通性，对善的孜孜追求是人性发展和完美的重要维度。这使得人们在生物技术发展问题上，将价值存在的抽象性通过逻辑演绎成为社会规范的可行性，从而达成一些基本的共识。在共识基础上，人们共同提议并遵守发展和应用生物技术的行为准则，承担分配的任务、职责并接受相应的技术后果、技术风险。基于生物医学实践和理论研究，有学者已经阐释并形成生物医学伦理的行善原则、自主原则、不伤害原则和公正原则。上述原则具有普遍性和底线性，因而在世界范围产生了很大的影响，

具有比较广泛的社会认同，并在生命伦理、医学伦理、护理伦理和科学技术伦理等实践领域得到了应用。

为了全面评估生物技术的发展前景及其社会价值，需要构建一种与时俱进的生物技术伦理新框架。在文化多元的现实世界，我们要融合世界各国多样性的生物技术发展规范原则，谋求实际应用过程中的理论共识。尽管生物技术发展的历史潮流不可阻挡，但我们在生物技术发展和应用过程中，要努力实现和维护好人的尊严和生命价值；充分体现以平等、自由、宽容、社会参与和责任感为基础的现代价值理念；构建以安全、正义、合理、有序、共享为基础的生物技术伦理体系。构建生物技术伦理体系的目的就是为了扬生物技术之善、避生物技术之害。生物技术关乎全人类的前途与命运，在其发展和应用过程中一定要倾听不同方面的声音，允许各种学术话语的公开和自由表达，对不同的学术观点和学术立场要有宽容的理性态度。只有这样，我们才可能更好地发展和应用生物技术，防止生物技术的发展走向歧路。

为应对生物技术快速发展带来的新问题和新挑战，人类社会的伦理观念要进行相应调整。我们并不主张人类社会的伦理观念无条件适应或简单迎合生物技术发展的现实，但至少应该根据实际情况做出相应调整。总之，随着现代生物技术的发展和广泛应用，人类社会在物质层面、精神层面、器物层面和制度层面已经发生重大变革。人类社会的伦理观念同样要适应新情况、新变化和新事物，认识问题、分析问题和解决问题。

二、树立前瞻性、底线性的技术风险意识

让人类拥有一个安全、稳定的生活环境，避免过度的生物技术恐惧，这应是生物技术发展的一个重要目标。为弱化人们对生物技术的恐惧心理，政府部门要有前瞻性的技术风险管理意识，通过积极行动在生物风险形成之前就从根源上进行阻遏。因此，各国政府从社会层面对生物技术进行合理调控是确保这项技术健康发展的必要条件。当今时代，科学技术的

发展与人们的经济生活、社会生活等方面密切相关，它在国际政治经济格局的变动中所处的关键地位已经成为人们的共识。因此，对科学技术事业进行有计划的组织、管理、监督和调控，已经成为世界各国政府的一项重要社会职能。近年来，一些重要的国际组织和许多国家的政府积极采取了一系列具体应对措施，以期引导生物技术走上健康发展的轨道。在宏观方面，要处理好个人、社会和自然之间的关系，立足于社会整体效益、长远利益对生物技术的发展作出调控；在微观层面，要着力构建生物技术与社会协调发展的理念，使生物技术行业切实认识到自身的社会责任。通过多方面共同努力，在生物技术的发展过程中体现出更多的人文关怀。

第一，加强技术预见是确保生物技术健康发展的重要基础。在促进生物技术健康发展的前提下，以科学为依据分别成立国家层面和国际层面的生物技术管理组织以及行业组织，全面整合社会资源，推动生物技术及其产业健康发展。有学者建议积极做好技术预见工作，认为技术预见对于技术风险的管理有指导意义。技术预见本身是为了最小化风险以及最大化知识创造活动的收益，因而可以减少技术开发的风险。在此基础上，提出切实可行的风险管理措施，减少技术开发和实施的风险。[①]

第二，依靠法律法规是确保生物技术健康发展的硬性要求，通过立法使得生物技术在发展中趋利避害。科学技术立法健全与否，是衡量一个国家管理科学技术发展能力的重要标志。生物技术方面的立法目标不是为生物技术的发展设置障碍，而是基于生物安全考虑对生物技术的研究与应用进行有序引导和约束，以便人们能够充分评估和防范生物技术发展的负面作用，使人们通过可操作的制度和规则进行趋利避害的选择。在技术恐惧心理的影响下，人们希望以更加慎重的态度发展生物技术，希望在严格的法律规范下有序进行技术开发，从而避免生物技术对生命个体、人类社会和生态环境造成伤害。

第三，宽松的研究、开发与产业政策是生物技术发展的重要条件。作

① 费多益 . 风险技术的社会控制 . 清华大学学报（哲学社会科学版），2005（03）：82-89.

为一项生存类技术，生物技术的发展关系到国家利益、人民福祉，甚至关系到人类社会的未来。因此，我们要慎重对待生物技术发展和应用的立法工作。在对生物技术行为进行严格规约时，要尊重科学研究的自主性和相对独立性，不能使相关的科研人员感受过度的社会压力，从而束缚了他们的创新思维能力。科学实践证明，一个社会只有营造出民主和容错的科研氛围，才能更好地激发科研工作者的主动性、积极性和创造性，才能保障生命科学和生物技术的健康发展。

三、倡导人文主义向度的科学技术教育观

要在科学技术活动的全过程渗透人文因素。完整的科学技术教育既包括科学技术知识、实践能力、科学精神和工匠精神的培养，也包括人文精神的养成。在当今新科技革命与社会变革相互交织的时代，科学技术素养已经成为衡量一个国家国民素质水平及其国际竞争能力的重要指标之一。因此，科学技术教育工作的意义日益突出。科学技术教育的水平事关全体国民素质的提升，有助于引导更多的优秀人才勇于向未知的科学领域探索，有助于把知识创新与技术创新有机融合起来，从而提升国家的综合竞争能力。面对 21 世纪科学技术高度综合化、整体化以及科学技术与人文社会科学相互渗透和融合的发展趋势，我国的科学技术教育必须以培养大量基础扎实、知识厚重、实践能力强、道德修养高的复合型人才为目标。这些人才既能认识自然又能改造自然，既有科学素养又有人文理想，既有创新实践能力又有社会责任担当。

在历史上曾经有过这样的教训，科学教育和人文教育长期分离，出现了科学家与人文学者两大阵营。这两大阵营互不理解，甚至相互撕裂，在社会层面出现“两种文化”现象。尽管生物技术的发展和应用已经对人类社会带来诸多益处，这更多是在物质层面呈现出的益处，而在精神层面带来的往往是困惑。如何通过生物技术的强大力量彰显个体生命的本质意义和价值呢？这需要把人性的理念嵌入生物技术的发展过程中，使生物技术

人性化。生物技术的发展需要得到价值理性的关照，而不仅仅把生物技术当作与人类文化无关的工具和手段。换句话说，我们不能简单地从功利主义、工具主义的角度来看待生物技术的发展。否则，我们就不能在社会文化层面完整地表达生物技术的价值，就不能很好地防范生物技术在应用过程中带来的风险。

有学者指出，工具理性是人类厚生利用的手段，价值理性是人类安身立命的根据。工具理性是人类观察世界的科学之眼，价值理性是人类观察世界的人文之眼，人类的双眼只有在视力平衡时，才能看到一个物性与人性统一的合理世界。[①] 因此，我们有必要把工具理性积极融入关心人的存在价值和精神世界的价值理性上来，促进价值理性对工具理性的积极引导和规范。进一步说，我们要使生物技术始终在人类社会文明的框架中展示其积极的、益人的功能，就必须在教育实践中构建科学精神与人文精神、价值理性与工具理性高度融合的具有人文底色的科学技术教育观。在科学技术教育过程中融入人文精神、人文理念和人文思维，不断完善生物技术人才的知识架构、知识背景和专业素养。进而实现如下目标：使生物技术研究者牢固树立以人为本的科研理念，不懈追求技术进步，向往和谐的人生理想，自觉应用人文价值观引导生物技术的研究和决策，积极推动生物技术的健康发展。

四、夯实科研人员的道德责任基础

实践证明，科学家、技术发明家的道德责任在科学技术发展中具有非常重要的作用。他们不但要认真考虑科学发现、技术发明本身所蕴含的意义和价值，更要关注其深远的社会影响。具体说来，一方面，科技工作者要使自己的科研成果为社会进步和人类福祉做出贡献；另一方面，科技工作者要加强研究规范，强化风险防范意识，高度警惕科研成果被滥用以及由此产生的负面效应。面对可能出现风险的情况，科技工作者有义务向社

① 李振纲，方国根．和合之境：中国哲学与21世纪．上海：华东师范大学出版社，2001：68.

会和公众告知。在此，需要突出科技工作者的社会道德责任。爱因斯坦曾经向大学生演讲指出：如果你们想使你们一生的工作有益于人类，那么，你们只懂得应用科学本身是不够的。关心人的本身，应当始终成为一切技术上奋斗的主要目标；关心怎样组织人的劳动和产品分配这样一些尚未解决的重大问题，用以保证我们科学思想的成果造福于人类，而不致成为祸害。在你们埋头于图表和方程时，千万不要忘记这一点。[①] 这一席话语重心长，既是老一代科学家人生经验的总结，更是对青年科学人才的殷切期望。

在一定程度上，人类中心主义思想导致了人类技术行为的任性和失控。为此，必须呼唤科技工作者的道德责任和社会良知，并使这种道德责任成为科技进步的重要驱动力量。早在 1974 年，联合国教科文组织通过了《关于科学研究人员地位的建议书》，在建议中就提到了科学家的道德责任问题，要求科学研究人员对其工作、对其国家以及对联合国的国际理念和目标抱有高度负责的态度。随着科学技术与社会的关系日趋复杂，科学技术的价值中性论已经不合时宜，所谓的"纯科学"和"纯技术"概念已经不复存在。科学技术事业及产品都已经与人类社会密切地关联起来，在社会土壤中落地生根、开花结果。科技工作者必须考虑科学技术发展的社会后果，必须顾及自己的社会伦理责任，不断加强科学技术的研究规范。今天，运用科学技术成果为人类造福应是全体科技工作者、科技管理者追求的职业美德。要实现这一价值目标，迫切需要科技工作者自觉树立起社会责任意识，认真践行"科技以人为本"和"科技为社会服务"的发展理念。

现代生物技术充满创新和挑战，它赋予科技人员前所未有的力量和机遇，也赋予他们新的社会伦理责任。人们所忧虑的是，生物技术在给人类带来福祉时，也会带来难以预见的风险与危害，或者给一部分人带来利益而给另一些人带来伤害。公众不清楚生物技术风险的实质是什么？它何时

① 爱因斯坦．爱因斯坦论科学与教育．许良英，等译．北京：商务印书馆，2016：92.

发生？它以什么方式发生？它的危害到底有多大？能否采取有效的预防措施？面对上述问题，生命科学家和生物技术工程师作为科研活动的主体，有义务坚定科学良心和职业伦理，不但要“做好”工作，还要“做好的”工作。对此，有学者指出，在科研活动中，科学家自身的道德意识和伦理觉醒至关重要。科学家要自觉地依据理性和符合人类利益的原则作出选择。任何科学技术的应用都有双重性，科学家有责任向社会说明技术的价值和风险。[①] 可以说，科学良心是科技工作者内在的道德情感，是引导科技工作者行为的道德坐标。生物技术的健康发展有赖于生物科技工作者在实践中自觉处理好生物技术的价值负载与法律、道德约束的关系。

五、营造公众积极参与的良好社会氛围

生物技术的发展和应用需要良好的社会氛围。在一个国家或地区，公众的技术态度和技术心理承受程度是影响生物技术发展及其产品应用的重要变量之一。在媒体与信息十分发达的现代社会，媒体信息传播对一项新技术的推广作用非常大，有助于新技术概念的社会扩散，有助于新技术成果的推广应用。因此，现代媒体视野中的技术形象将直接影响公众对此项技术的态度。深入分析生物技术发展与公众心理、社会氛围的关系，分析媒体对此关系产生的深刻影响，必将有助于生物技术的健全发展。我们可以借助多种媒体有针对性地开展技术评论工作，积极地对公众的技术心理进行调适和引导。

在现实社会，科学家和工程师是科学共同体的成员，要比其他社会成员肩负更多的社会责任，特别是科学技术传播的责任。在营造技术发展的社会氛围时，生物学家和生物技术工程师具有专业知识和技能优势，具有不可推卸的责任。他们可以预测、评估生物技术社会应用中的正负效应，可以对公众进行生命科学知识普及，可以开展生物技术风险教育以及生物安全教育。在现实社会，如果没有公众科学技术素养的提高，就不能在生

① 高崇明，张爱琴．生物伦理学十五讲．北京：北京大学出版社，2004：85-86.

命科学和生物技术研究过程中有效地实现公众参与。这里体现了技术评论、技术宣传工作的重要性和必要性。远德玉曾经指出：我这里所说的技术评论，是指针对某项具体技术发展的社会评论。进行这样的技术评论，既要有对该项技术本身较多的知识，又要有良好的哲学、社会科学素养，两者兼备才能对某项具体技术从多重视野进行评论……中国不仅需要研究宏观的"技术一般"的技术哲学家，也需要研究"技术具体"的技术评论家。[①] 为此，为了更专业、更客观地理解和宣传生物技术的社会价值和社会影响，需要加强有针对性的生物技术评论工作。既需要热心的生物技术专业人员转向技术评论，做一些科学技术传播工作，也需要科技哲学、科技传播方面的专门研究人员密切关注生物技术发展的动态，使生物技术评论更前沿、更专业。

在塑造生物技术社会形象、促进公众理解生物技术的过程中，现代媒体有着广泛而深远的影响。生命科技工作者可以结合自身的研究工作与公众进行多视角的交流与沟通。他们可以借助现代媒体主动作为，针对生物技术发展和社会应用方面的问题开展技术评论，缓解社会公众期待与忧虑的心理状态。努力让公众理解和支持科学技术的发展，实现生物技术的人性化发展。媒体所构造的生物技术舆论场景，既可以从积极方面为生物技术的发展争取公众支持和社会投资，也可能从消极方面招致公众对此项技术的强烈抵制。因此，媒体对生物技术的理解与传播的价值取向将直接影响公众的技术心理和技术态度。我们认为，理性的技术评论应以正确理解科学技术为基础、以科学精神为灵魂，坚持社会效益优先原则和技术进步的人本原则，使公众及时把握生物技术的真实发展状况。通过公众参与和民主监督，实现生命科学研究和生物技术创新的人文关怀。

① 远德玉．中国需要技术评论家：兼评《后克隆时代的技术价值分析》．河南师范大学学报（哲学社会科学版），2005（02）：188.

六、寻求技术风险治理过程的价值共识

生物技术发展的实践表明，生物技术的价值和功能是在社会应用中逐步生成的。生物技术的健全发展需要先进的社会文化、社会制度作为保障。有学者指出，要从根本上解决政府、企业和公众之间的利益冲突，除了力争技术的民主控制，即公众参与所有大规模的技术规划之外，还需要有整个社会的变革[①]，是包括政治、经济、文化、道德等领域在内的社会系统变革。生物技术与社会其他领域一样都只是社会大系统相对独立的一个子系统，其发展离不开社会的整体改变，需要通过改革争取良好的社会文化环境、制度设计。为此，要改变我们的文化观念、行为方式，变革社会中不合理的因素，实现科学、技术、经济、社会和环境的协调与可持续发展。在实践中，技术风险在很大程度上是由于多种利益的分裂造成的。各个独立主体的现实利益和目的是新技术选择与使用的重要因素。当现实社会中的利益还存在根本分裂时，新技术的开发与应用可能出现有利于个别主体而对人类整体不利的现象。[②]所以，必须明确技术风险治理的责任分担原则，在公平、合理、有效的前提下开展防范技术风险的国际合作。

生物技术恐惧本身是一种社会文化现象，在社会历史发展过程的各个阶段都有其不同的表现特点。有学者指出，由于文化在人类社会历史发展的各个阶段都留下鲜明的痕印，人们在研究自然规律时无法越过文化，也不能忽视它的存在。[③]生物技术恐惧在人类社会文化背景中产生，又成为社会文化的一部分。这种恐惧文化不仅深受科学技术发展的影响，反过来也影响着科学技术的发展。生物技术的开拓创新与社会文化领域的进步和社会治理体系的优化密切相关。要密切关注社会文化与社会治理体系的融合，才能实现技术社会的现代转型。只有致力于人类社会成员综合素质的全面提升和实现社会全面进步，才有可能实现生物技术的持续和健康发展。

---

① 曹南燕．科学家和工程师的伦理责任．哲学研究，2000（01）：45-51.

② 费多益．风险技术的社会控制．清华大学学报（哲学社会科学版），2005（03）：82-89.

③ 刘建明，胡钰，等．科技新闻传播理论．北京：科学出版社，2001：348-349.

自人类产生以来，人类与生物技术的关系就一直密不可分。可以说，没有生物技术及其手段的人类生活是难以持续发展的，也是不可想象的。我们不能只对生物技术的负面作用和消极影响停留在恐惧、抱怨层面，而要积极地去正视问题、分析问题和解决问题。在人们能达成共识的人文价值的积极引导下，努力探索有利于生物技术健全发展的方法和途径，去收获生物技术发展的美好未来，让本性为善的生物技术发展和应用得更加完善，使其更好地服务人类福祉，保障人类社会的安全与稳定，促进人的自由和全面发展。

结　语

生物技术的发展关乎农业生产、生物制药、医疗卫生、食品制造、新能源和生态保护等重要实体经济与民生领域，具有广泛和深远的社会影响，已经成为当今人类社会健全发展的坚实基础和重要支撑。当前，人们借助生物技术手段和方法对人类个体、人类社会和自然界的干预范围日益扩大，干涉程度也日益加强。但是，人们的生物技术活动也带来了诸多不确定性风险和负面的社会影响，使得人类社会进入一个生物技术风险频发的时期，且生物技术风险的后果越来越不容易预测，也不容易进行事先防范和有效的社会治理，从而使部分人产生了不同程度的生物技术恐惧心理。

当下，我们在享受和体验科学技术发展的积极成果时，也需要积极正视发展中存在的各种风险问题。现代科技发展和应用所引发的风险问题，使得技术责任伦理、负责任技术创新等成为当下理论研究的热点和焦点问题。当前技术责任伦理的兴起，既是伦理学理论朝向应用伦理维度发展的需要，也是针对科学技术发展的现实提出伦理规范要求的一种回应。技术责任伦理以实践性、前瞻性、人本性、保护性和底线性为基本思维导向，它不仅关注人们当下的社会良知、技术道德，而且强调科学技术行为的长远后果和深刻影响。事实上，人们的科学技术活动不但创造着现实，也重塑着人性和人类社会的未来。因此，人们应该通过科学技术活动对人类社会、人类自身、人类未来世代以及自然界担负起保护性责任。

对人类社会来讲，生存与发展、安全与稳定都是永恒的话题。可以说，在当前如何有效构建防范各类技术风险的责任伦理机制，已经成为风险社会亟待解决的重要问题。本书分析生物技术发展风险背景下人们的生物技术恐惧心理，目的在于构建有效的生物技术责任伦理机制和生物技术规范机制，进而在社会层面形成优良的生物技术文化，让人们能够积极主动关注、防范和化解各类生物技术风险，切实保障人民群众生命健康安全、生物安全和生态安全等。

现代生物技术作为一类生存技术，事关人类生命延续和生活质量，其社会价值和人性内涵极其丰富，其内生力量和社会影响极其强大。因此，生物技术的发展不仅仅是一个科学技术问题，而且已经成为世界各国普遍关注的与政治、经济、社会、公共卫生、医疗保健、国家安全、生态保护和文化价值等密切相关的综合问题。我们必须用积极的技术心理来认知、应对这项技术，使其得到合理有效的研究、开发和应用推广。

人类恐惧心理的反馈机制具有重要的启示和预警作用，这对于人类的生存与进化是不可缺少的。生物技术恐惧心理的产生，实质上是人们正视生物技术发展风险的本能反应，也是为了超前预警和防范生物技术发展的可能异化作用。但是，过度的生物技术恐惧往往会脱离生物技术发展的实际而流于虚妄，将会影响生物技术的发展及其社会功能的正常发挥。因此，客观分析生物技术恐惧心理的根源、实质和流变，克服生物技术悲观主义的非理性成分，有助于调整人们的生物技术观，促进生物技术的健康发展。对生物技术恐惧心理进行积极的社会调适，反映了人们对现代技术社会的主动适应。

本书在系统梳理和反思生物技术恐惧心理的基础上，明确媒体和科技工作者的社会职责，积极构建符合我国现实国情、适应我国经济社会需求的生物技术文化传播体制，提高公众对现代生物技术的整体社会认知水平，引导我国公众的技术社会心理。在科技与产业政策修订、技术社会心理调适和公共舆论接纳的基础上，为我国生物技术的发展营造一个适宜的社会生长空间，使其更好地为我国经济社会发展和广大人民群众生命安全和健康服务。

本书的研究还有很多不足之处，特别是没有围绕社会公众的生物技术心理和生物技术态度进行系统的问卷调查，尽管这种调查分析对于结论形成的意义十分重要。本书只是通过检索已有的统计文献作为形成论点的依据。本书对人们生物技术恐惧心理的调适研究还缺乏可行性和可操作性，对生物技术文化的理论探讨还比较粗浅，自我感觉理论提升的空间还比较大。因此，要紧密结合和跟踪现代生物技术发展的前沿及其社会影响，开展后续的理论研究和实证研究。

总之，我们要从人性关照与呵护的视角，持续关注生物技术与社会、生物技术与人类心理的关系，持续关注人类生命健康、生物安全和生态安全等影响深远的时代课题。我们要牢牢坚持“人民至上，生命至上”的根本要求，积极参与全球科技治理和生物安全治理，不断提升我国整体科技安全和生物安全水平，使生物技术的发展与应用不断满足人民群众对美好生活的向往和追求。作为生活在同一个地球上命运与共的社会成员，大家都要向上而生、向善而为、向美而行，坚持创新、协调、绿色、开放、共享的发展理念，并把上述理念积极融入生物技术的发展过程，这是新时代发展对人类社会和生物技术的共同召唤。

后　记

这个书稿是在本人主持的国家社会科学基金一般项目“生物技术恐惧心理的社会影响研究”（12BZX027）的基础上，经过较长时间断断续续的修改之后才形成的。从早期的课题论证、课题申报到课题立项，从课题研究、论文撰写、研究报告汇总到形成和修改当前的书稿，转眼之间已十年多了，真的让人感到时间很不经用。

近几年，无论对于世界、国家、社会还是个人来讲，都是一个未曾有过的大变局。既面临许多风险和挑战，也充满许多机遇和希望。在世界剧变面前，人们的内心有焦虑和不安，人们的思想意识和价值观也发生了变化。比如，人们在网络上聚焦和争鸣“扁平化”“内卷”“躺平”等热词，这些社会现象令人困惑，令人深思，更令人感慨不已。我们这个世界怎么了？生活在这个世界上的人们又怎么了？但是，对于我们每一个人特别是青年人来讲，任何放弃拼搏和奋斗的理由都是说不过去的。因为放弃奋斗就等于放弃了责任和担当，也就放弃了生存的希望和资本，更不会有幸福和充实的生活。

有人说过，所有的作品都是有遗憾的作品。这句话既是作者对自己努力付出的莫名感动，又是一种对自己力不从心或者说自身能力危机的无奈表达，甚至包含少许悲壮的情感。正所谓“金无足赤，人无完人”，我们每一个人身上都存在着自己难以克服的局限性。特别是在发展永无止境的学术研究领域中，我们会存在知识短板、信息闭塞、视野模糊、思维僵化与人性弱点等多方面的限制性影响。即使那些所谓的学术“大咖”和“大牛”也会有自己的局限性，只不过是他们的局限性比我们小一些，或者说更容易被自身耀眼的学术光环遮蔽而已。

在现实社会中，学术评价的标准既有客观一致性，又有主观多元性。我们很辛苦地研究出一个自以为是的作品来，我们往往会敝帚自珍。但是，在别人眼中这实际上就是一个敝帚，甚至会被人贬为某种“学术泡沫”或“学术垃圾”。对这种付出时间、付出精力甚至是付出健康但又得不偿失的研究结局，我同样也是感慨万千。在此，我发自内心想表达的是：主要是自己学术积累和研究水平的限制，加上工作和生活琐事缠身，还加上自身的惰性、心性浮躁和不善于管理时间而引起的拖沓等原因，减少了对此课题研究时间和精力的有效投入，使得这项研究仍然存在许多自身造成的遗憾。事实上，只要自己多用心一些，多紧张一些，多投入一些时间和精力，这些遗憾本来是可以减少的。

从根本上讲，无情的岁月渐渐消磨了自己积极主动的研究激情和学术斗志，曾经不甘沉沦和不想被边缘化的自我也慢慢地成为一名消极被动的“任务型”“压力型”“评价型”和“郁闷型”的普通社科研究者。比如，在好为人师心理的驱动下，自己还比较在意担任研究生导师，就必须完成规定数量的科研任务。否则，就要被有关部门剥夺招生资格。又比如，自己还要参加各级学科评估、平台验收、学位点审核等工作，这一切都需要科研成果，从根本上摆脱不了“不发表就出局”的学术游戏规则。无论如何，作为一名高校教师，既要教书育人，又要做一些科研工作，教学与科研可算作是鸟之两翼。

人们生活在高度敏感、迅速流动的风险社会中，通过亲身体验或者经由媒体感知各种风险事实和信息，难免会忐忑不安、无奈又无助。特别是在面对大大小小的自然灾难和技术风险时，人们更容易产生恐惧心理，内在的危机感、脆弱感日益增生。这主要是因为人们个体与社会防范、化解风险的能力不足。当前，由于风险特别是技术风险既具有客观实在性，又具有人为建构性，这对人们辨析风险、研判风险、防范风险和化解风险的能力提出了更高的要求。换句话说，并非所有人们忧虑的技术风险都会真实发生，我们不可过于杞人忧天。但是，对于可能产生的技术风险，我们还是要牢固坚持底线思维，绝不可麻痹大意，“宁可十防九空，不可失防万一”。因此，积极地构建风险研判、预警和应急处理的机制仍是不可缺少的工作环节。

通过对本课题较长时间的研究，又加上对当今全球科技与社会问题的深入思考，我对“技术恐惧”的态度也发生了很大的改变。“技术恐惧”和“生物技术恐惧”只是少数人群的一种技术态度和技术心理，有更多的人、更多的社会组织、社会团体以及更多的主流媒体持有“亲技术”的态度。“科技兴则民族兴，科技强则国家强”，充分发挥科学技术在社会治理和社会发展中的积极作用已经成为我国乃至全球社会的一种共识。科学技术发展和应用的社会历史已经充分表明：技术能够产生最好和最坏的结果，而真正的危险在于人类自己。技术的负面影响在很大程度上可以通过良好的制度设计、道德规范、法律约束途径来减弱。重要的是我们如何开发好、运用好技术，努力彰显技术积极的社会功能和社会价值。

这个书稿的完成离不开学界各位师友的大力帮助和支持，他们是东北大学的陈凡教授、包国光教授、陈红兵教授、王健教授，中共中央党校的赵建军教授，北京师范大学的董春雨教授，华南师范大学的肖显静教授，山东大学的李章印教授，华中师范大学的李宏伟教授，长沙理工大学的易显飞教授，郑州大学的魏长领教授以及河南大学的姬志闯教授等。本人牵头的河南省高等学校哲学社会科学创新团队成员张保伟、刘英基、陈四海、于建东、张云昊、田甲乐等博士在此书稿完成过程中提出一些宝贵意见。河南师范大学科技与社会研究所的梁立明、金俊岐、安道玉、冷天吉、薛万新、谢彩霞、王海琴、张伟琛等老师也给予本人很多帮助。在此，向他们一并表示感谢！

因学校中层干部换届轮岗，我于 2020 年 9 月调整到学报编辑部工作。两年来，学报编辑部全体人员群策群力，务实创新，克服多种困难和挑战，各项工作得以顺利开展。在此，我衷心感谢学校党委和兄弟部门领导对我的信任与支持，感谢主管校领导李雪山教授对我工作的大力支持，感谢学报编辑部陈留院、陈浩天以及其他同仁对我日常工作的理解、支持和配合。本书稿的出版还受到河南师范大学学术专著出版基金的资助。在此，我向河南师范大学社会科学处的刘怀光、李永贤、原瑞琴、段勃、崔宗超和刘新争等领导同事表示感谢！

十多年来，我指导了河南师范大学政治与公共管理学院科学技术哲学和伦理学专业的十多名硕士研究生。我让他们围绕生物技术发展前沿的风险、安全和伦理问题进行跨学科研究。在指导研究生学习、研究和论文写作过程中，也需要我对相关文献进行阅读和分析，这对本书稿的完成有很大的促进作用。因此，我对曾经指导过的各位研究生（特别是董鹏程、郭庆晓、吕武、李敏、贺月静、于乐乐、王欣欣和詹瑞等同学）表示感谢！在过去漫长的时光里，我们坚守共同的学术目标和学术理想，师生教学相长，共同进步。

最后，我要衷心感谢科学出版社科学人文分社的侯俊琳社长、刘红晋博士以及已经调离的刘溪博士等，是他们组织策划和出版了"'科技·社会·哲学'研究论丛"，使得我们的研究成果有一个展示的机会和交流的平台。特别感谢刘红晋博士耐心细致的编校，进一步规范了书稿内容，提出了许多合理的修改建议。

完全由于我个人的原因，推迟了约定的交稿时间。经过友好协商，我与科学出版社签订了补充出版合同，再次明确了交稿时间，给我指明了工作重心和时间节点。顺便说一下，我之前曾经设想这个书稿如果按时出版了，也许会成为国内第一本以"技术恐惧"命名的图书。但是，聊城大学赵磊教授基于其博士论文的大作《技术恐惧的哲学研究》已经由科学出版社在 2020 年 3 月出版发行了。赵教授这本书就成为国内出版的第一本主要从跨学科视角研究技术恐惧的中文图书，具有重要的学术创新性和学术引领性。

近些年，为了按时完成出版合同，我把压力变成了动力，在书稿的修改上投入了更多的时间和精力。对于那些不得不去做的事情，就应当尽力做好。本人虽然已至知天命之年，但自身的科研能力、创新能力、写作能力以及外文文献阅读水平仍然有限，也时常会产生力不从心的学术自卑感、脆弱感、危机感和焦虑感。因此，在书稿中肯定还存在许多不足甚至是错讹之处，特别是理论分析提升的空间还比较大，整体的逻辑结构还不那么严密。敬请各位专家和读者朋友批评指正，在此表示衷心感谢！

刘　科

2022 年 9 月于《河南师范大学学报》办公楼